“第三极”的原住民
藏狐

TIBETAN FOX

王正寰　叶晓青　著

上海科技教育出版社

中国大鲵

岩羊

震旦鸦雀

中国珍稀物种探秘丛书

主　编：王小明

副主编：李　伟

扬子鳄

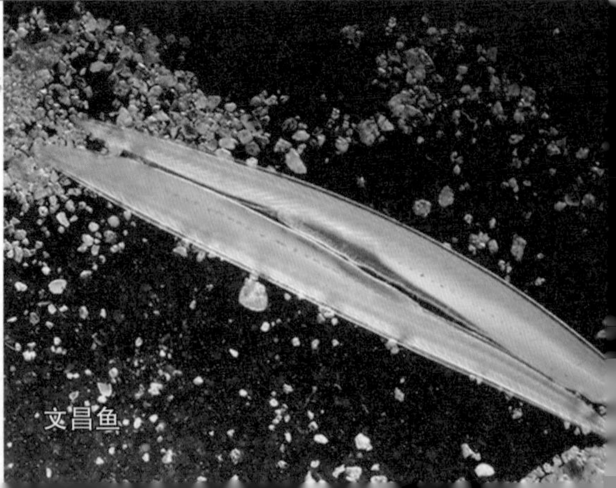
文昌鱼

朱鹮

藏狐

项目支持：

上海科技馆

上海科普教育发展基金会

淞江鲈

大熊猫

金丝猴

总序

国家“十二五”规划建议明确了“深入实施科教兴国战略和人才强国战略，加快建设创新型国家”的要求，并提出要“推动文化大发展大繁荣，提升国家文化软实力”的方针。为了弘扬科学精神、推进科学传播，提升公众的科学素养，《中国珍稀物种探秘丛书》第一部《两栖之王——中国大鲵》出版了。这套丛书凝聚了众多优秀科学家的最新研究成果，体现了各级领导的关怀和社会各界的支持。谨此，我代表上海科技馆理事会和上海科普教育发展基金会，对系列丛书的出版表示热烈的祝贺。

中国是一个拥有丰富动植物资源的国家，以大熊猫、金丝猴、朱鹮、扬子鳄、中国大鲵和中华鲟为代表的特有珍稀物种繁衍于中华大地，见证了自然历史和人类文明的变迁。了解这些物种生存的历史和现状，探索人类与自然共存的基本法则，唤起人们热爱自然、保护自然、促进人与自然和谐相处的意识，这是我们科学工作者的责任和义务。

本系列丛书的主编王小明教授是我国著名的动物学家。在他的指导下，上海科技馆科普工作者们与工作在各领域的科学家紧密合作，通过细致入微的观察、探究、考证，用朴实、充满情趣的写作风格，为我们展现了不同物种的栖息环境和特有的生物学知识。作品还探究了不同物种与中国历史、文化的渊源，将科学普及与文化传播结合起来，既丰富了内容，又增添了可读性。

《中国珍稀物种探秘丛书》与《中国珍稀物种》系列科普纪录片，是依托不同传播媒介的姐妹作品。纪录片《中国大鲵》在上海电视台播出后，得到了广大群众的好评和喜爱。我相信，在此基础上推出的系列丛书第一部《两栖之王——中国大鲵》，将会进一步增进公众对该物种的认知，并为后续推出扬子鳄、岩羊、震旦鸦雀等纪录片和图书，打下良好的开局。

上海科技馆的科普工作者和相关领域的学者、专家对本系列丛书和科普纪录片的创作，为激励科普研发、培养科普人才和探索科普文化产业发展途径树立了一个典范。推动文化发展、提升国家文化软实力任重而道远，我相信本系列丛书和纪录片的创作将成为众多科学家和公众参与的科普教育平台。

本系列丛书和纪录片的出版，不仅得到上海科技馆和上海科普教育发展基金会的支持，更得到了上海市科学技术委员会、华东师范大学、中国科学院昆明动物研究所等相关政府部门和社会多方面的鼎力支持。我衷心希望有更多的政府部门和社会各界对科普教育事业和科普文化产品的研发给予关注和支持。随着本系列丛书的出版，也预祝有更多的后续科普项目能早日策划和实施。

左焕琛

全国政协常委 上海科技馆理事长 上海科普教育发展基金会理事长

2010年12月

本书序

作为《中国珍稀物种探秘丛书》的主编，我很高兴地看到《“第三极”的原住民——藏狐》一书即将出版。

青藏高原以高海拔著称于世，被誉为世界屋脊，地球的“第三极”。严酷的自然条件对人类在此生存构成了严峻的挑战，但就是在这样一片土地上，却孕育着众多适应高原环境的野生动物。

藏狐是青藏高原高山草甸生态系统中非常独特的物种。在这个脆弱的生态系统中每个物种都不可或缺，藏狐作为食肉动物居于食物链的顶端，对于整个生态系统的稳定意义重大。然而无论是普通大众还是科学界，对于藏狐的了解迄今仍非常有限，因此，藏狐的生态学研究不仅对于认识这个物种具有重要的科学价值，更对整个青藏高原生态系统的保护有着非常重要的现实意义。

20多年前，我来到了四川省石渠县——青藏高原的东南端，在这里开始了对藏狐的研究。数年后，我带的学生也来到了这里，同我一起展开对藏狐和高原生态的科学研究。能在高原上长时间进行科学研究的团队还不是很多，因为在这样一种特殊的环境中，要保持一种平和、稳定的心态来亲近动物，并对其进行仔细研究和细致观察是需要毅力及耐力的。我很欣慰本书的作者之一——王正寰副教授——一直坚持着这项博大精深的科学研究，现在已经成为一位优秀的学者，并在自己的研究领域里有所建树。本书的另一位作者叶晓青女士是一位优秀的科普工作者，包括本书在内，她是《中国珍稀物种探秘丛书》中四部科普图书的作者。在四部科普图书的编著过程中，她迅速地成长起来，通过与不同学科背景的作者合作，不断地尝试新的创作方式，展现了极高的创造力和创作才华。

在青藏高原工作期间，壮美的自然风光和野生动物灵动的身影给我留下了永生难忘的回忆。因此，我非常希望作者能够用通俗的语言、生动的画面将高原的神奇展现给普通大众。当《“第三极”的原住民——藏狐》完稿时，我非常欣喜。科普作品较之于科研作品的相同点在于具有科学性和逻辑性，不同点在于思路和表述的语言。科普的思路是为外行读者开辟一条由不懂到懂，由有兴趣到加深对科学的理解、提升科学素养的路径，也就是科研成果科普化的一个方面。科研成果科普化需要科学家的支持，科普工作者进而将科学家的理念大众化。本书的两位作者来自不同的领域，他们的合作正是一种科学传播的有效合作。这也是我非常赞同的一种合作方式，因为它能更好地把科学精神传播出去。

本书作者在创作时运用了很多生动的表现手法，他们采用第一人称的写法，给读者一一讲述藏狐的科学故事，故事中有科学，科学中不乏趣味。通过一种通俗、有趣的写作方式，让读者能从一个新的视角，跟随着作者的工作去接近、去感悟这一仅生活在青藏高原的神秘物种，进而对藏狐的生存环境和独特的生活方式有一个深入的了解。作者在行文中还运用了加上角标的方法，将相关的引用和专业术语同参考文献及注释相对应，这不仅能简要揭示相关的研究背景，也体现了对科研成果的尊重，并让读者在吸收科学知识的过程中，慢慢加深对科学探索的理解。

两位年轻作者平时的工作都很繁忙，一位醉心于传教授业和科学研究，一位专注于野生动物影视拍摄，他们放弃了很多自己的休息时间来写作这本图书，所以我要特别感谢他们的家人对他们工作的支持。

科普图书是科学传播的重要媒介和途径之一。在上海科技馆、上海自然博物馆、上海天文馆“三馆合一”的大背景下，上海科技馆已成为国内一个重要的科普传播平台，我期待和鼓励有越来越多的人能加入到科普的队伍中来。我衷心祝贺《“第三极”的原住民——藏狐》的出版，希望青藏高原这片宏伟的雪域圣地上的生灵故事能给读者带来一种精神上的享受和感动，希望这本国内第一部系统介绍藏狐的科普图书能给读者以惊喜，也希望更多的人能投入到保护环境、关爱动物的事业中来！

王小明

● 中国自然科学博物馆协会副理事长 ● 华东师范大学终身教授 ● 上海科技馆馆长

2015年9月

目录

藏狐（崔滢供图）

第一章　缘起

第一节 探秘之旅

2001年7月，一个偶然的机会，我们开始了野生藏狐(*Vulpes ferrilata*)的生态学研究。这是一项多国联合科考项目，主要目的是了解青藏高原牧区一种致死性的、人和动物共患寄生虫病——棘球绦虫病——在野生动物中的传播机制。藏狐正是棘球绦虫最主要的野生终末宿主，了解它的生活习性对于这项研究至关重要。

藏狐隶属犬科、狐属，是一种高原狐种，生活在青藏高原海拔3500米以上的高山草甸和荒漠中，是青藏高原高寒生态系统中具有代表性的顶级猎食者之一。然而一查资料我们才发现，由于地理分布的特殊性，藏狐比较系统的生态学和生物学信息异常匮乏，以至于世界自然保护联盟发出呼吁："针对该物种生活史所有方面的研究亟待展开"[1]。于是，防治棘球绦虫病和开展保护生物学研究的使命感，对青藏高原的向往以及对神秘的藏狐的好奇心，驱使着我们开始了对藏狐生活的探秘之旅。

图 1-1 草地上的藏狐(崔滢供图)

第二节　雪域圣地——青藏高原

青藏高原地理位置非常特殊。作为世界“第三极”，它是中国最大、世界上平均海拔最高的高原。在青藏高原毗邻地区，由于地表急剧抬升，通常会形成独特的气候条件，这些自然因素的综合作用往往会导致独特而丰富的生物多样性组成。因此，在青藏高原周边形成了3块世界上著名的生物多样性热点区域[2]。然而，青藏高原的高海拔地区却是气候条件异常严酷的地方。拿我们长期观察藏狐的研究地点——四川省甘孜藏族自治州（以下简称甘孜州）石渠县来说，这里最大的特点就是没有树。这对于我们这些从小看惯了树的平原人来说印象极为深刻。石渠县位于青藏高原东南部，全境平均海拔4000米以上，分布着广袤的高原平原和起伏不大的高原丘地。高山草甸是这一地区典型的自然生态系统，只能生长草本植物和一些低矮的灌丛。这里气候干燥而寒冷，冬季漫长，夏季不明显，灾害性天气频繁。即便是在最热的7月，也有可能突然下一场暴风雪！所以当地人常形容石渠这个地方“一天四季”，夏天都得“围着火炉吃西瓜”。

另一方面，尽管我们在平原上已经做足了功课，但要在野外观察到一只藏狐并不是那么容易的事。很多年以后，

图 1-2　青藏高原的东南端——四川省石渠县一隅（叶晓青供图）

我们才意识到藏狐种群数量一直是在波动的，2001年是一个数量较少的年份，野外遇见率较低。此外，还有许多主观原因减少了我们发现它们的机会。首先，在海拔超过4000米的石渠县工作远比我们想象的要困难，剧烈的高原反应降低了人的体能。向导告诉我们，藏狐的活动高峰期是晨昏时分，运气好的话，此时可以在土路两侧的山坡上观察到它们。因此我们选择在这两个时间段乘汽车进行样线调查，并在白天的其他时段徒步在各山丘之间寻找藏狐。如此，每天我们都要进行20千米异常颠簸的汽车样线调查和10千米的徒步样线调查。在完全适应高原气候之前，这样的工作强度着实让我们自豪——大家究竟是怎么挺过来的?！其次，藏狐行踪诡秘，让缺乏经验的我们很难在野外发现它们。整个白天，藏狐只有在晨昏时分才表现得比较活跃，而白天大部分时间，如果天气好，它们一般就在山坡上找一个较平坦的土坑睡大觉。由于土坑和山坡之间形成的隐蔽角，加上藏狐一身土黄色的皮毛很好地将它们伪装成了一个土包或是一堆枯草，因此即便相隔很近的距离也很难发现它们。一个有趣的例子是，当我们喘着粗气，眼冒金星地爬上一面山坡，心里正在为奔波一天却没有看到一只藏狐、身体还要同高原反应作斗争而苦恼时，一只藏狐突然从距离我们仅有20米的一个土坑里跃出，一溜烟地跑掉了。我们本能地举起望远镜开始跟踪它，可是藏狐早已不知所踪了。那一刻，我们切身体会了一个彩民刮中大奖却弄丢了彩票时的心情。

图 1-3 凝眸回望(崔滢供图)

第三节　一场完美的集体“表演”

不过，功夫不负有心人。在初次多国联合高原考察的最后一天，藏狐们给我们带来了一场完美的集体“表演”。那是一个晴朗的傍晚，落日的余晖穿过湛蓝的天空倾泻在大地上。藏狐一家正沐浴着夕阳，在山坡上尽情享受着这宁静而又快活的时光。我们正好在进行最后一次汽车样线调查。颠簸的路面、飞扬的尘土、几天来寥寥无几的收获，加上还没有完全退去的高原反应，使每个人都是在凭着一股毅力尽量让这次考察善始善终。当藏狐一家映入眼帘时，大家激动得顾不上翻译，每个人几乎是在同一时刻用自己的母语喊

图 1-4　草地上的藏狐

着:“藏狐!”

第一次科考就这样落下了帷幕。藏狐也因为这最后一天的戏剧性表演,深深地印在了我们的脑海里。此后,攻读学位、研修、工作……终年忙忙碌碌,但是每年的7、8两月我们都会回到石渠,来看我们的狐狸朋友们。时光荏苒,一晃14年过去了。现在,我们把自己所知道的关于藏狐的故事告诉大家。

图 1-5 四川省甘孜州石渠县观测点(王正寰绘)

第二章　高原之狐

第一节　藏狐和它的亲戚们

说到狐狸，可以说是家喻户晓了。从童年起无数古今中外的童话、传说、神怪故事不断强化着我们对于狐狸亦正亦邪形象的认同。但是，你可知道这些故事的主人公到底是哪种狐狸吗？什么，狐狸还分不同种？答案是肯定的。我们从大多数故事中所熟悉的狐狸学名叫赤狐（*V. vulpes*）。然而我们现在所要讲述的这个故事的主角不是赤狐，而是它的亲戚——藏狐。

我国一共自然分布着3种狐狸：赤狐、沙狐（*V. corsac*）和藏狐。它们都隶属犬科、狐属，彼此是亲戚。三者中沙狐体型最小，主要生活在欧亚大陆的中高纬度地区，我国新疆、内蒙古一带的草原和森林中。赤狐是整个欧亚大陆上的广布种，并且随着欧洲人的扩张分布到了全世界，在我国全境分布。而藏

图 2-1　藏狐（崔滢供图）

狐是特化的高原物种，仅分布在青藏高原涉及我国的西藏、新疆、青海、甘肃、四川等省（自治区）以及印度和尼泊尔的环喜马拉雅山高海拔地区。我们的一项分子系统学[3]研究显示，在我国分布的3种狐狸中，赤狐在距今480万年到640万年间，首先同藏狐和沙狐的共同祖先发生种间分离，然后藏狐和沙狐在距今280万年前分离，这一过程伴随着青藏高原的急速抬升[4]。山脉隆起等重大地质事件导致的种群地理隔离是物种分化和新种形成的重要因素。最终，藏狐成为了唯一仅生活在青藏高原的狐属动物。当然，由于赤狐分布区域广大，在青藏高原上它们和藏狐的分布区是可以重叠的。以石渠县来说，它位于青藏高原东缘，这里就是藏狐和赤狐共同的家园，只是在数量上藏狐占绝对优势，而赤狐虽然稀少，但仍然顽强地捍卫着自己的生存空间。

图 2-2　赤狐（崔滢供图）

图 2-3　沙狐（引自维基百科网站）

第二节　藏狐究竟什么样

既然我们比较熟悉赤狐，那不妨就拿赤狐和藏狐来作个比较，看看在外形上藏狐到底有何特殊之处。

首先，它们大小相仿。为了研究狐狸的行为，我们曾经捕捉过若干个体并进行了身体测量。根据我们的记录，最大的藏狐个体为雄性，体重5.7千克，全长102厘米，其中尾长29厘米；最大的赤狐个体为雄性，体重5.1千克，全长114厘米，其中尾长41厘米。藏狐的四肢、耳郭和尾均比赤狐短小，因而显得更加敦实，但是行走起来，不免有些“鬼鬼祟祟”。相比之下，它的亲戚赤狐的身形就显得“挺拔”和“飘逸”多了。

皮毛方面，较赤狐而言，藏狐背部毛色较浅，呈浅棕黄色，成年藏狐的体侧呈灰色并逐渐过渡到腹面的白色。更重要的是，藏狐耳郭背面和四肢端部均与背部毛色一致，不像赤狐那样都呈黑色并与体色迥异。另外，赤狐的毛皮

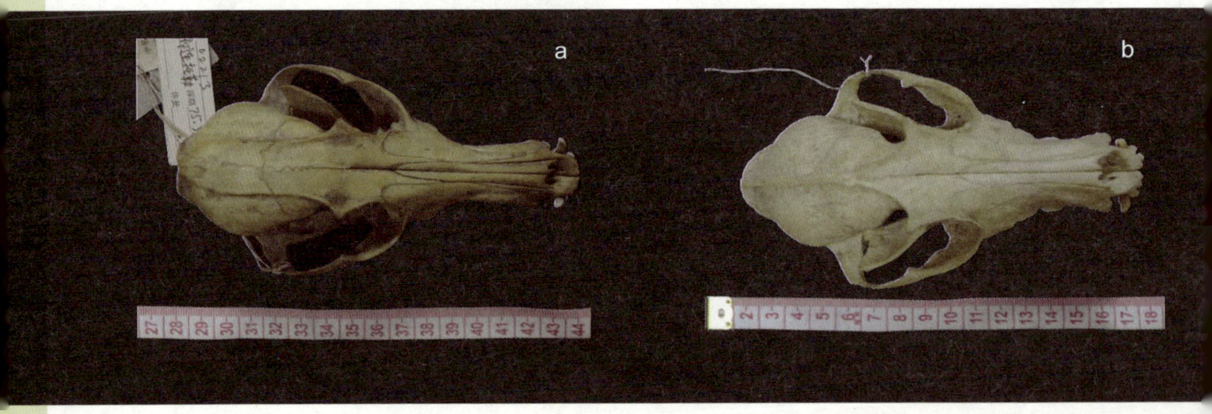

柔软富有弹性，而藏狐的毛皮摸上去又短又粗。早年在石渠县的杂货铺里常有狐皮贩卖。由于赤狐毛皮质量上乘因而价格昂贵，于是不良商家便用质次价廉的藏狐皮来充数。为了瞒天过海，这些藏狐皮毛的耳郭背面和四肢端部都被染成了赤狐那样的黑色，但是它们较小的耳朵、较短的尾巴以及粗糙的短毛却无时无刻不在述说着冤屈，控诉着不良商家的贪婪。

不过，动物的皮毛通常会有很大的地理变异。例如石渠县的赤狐也被当地人叫做火狐，这一称谓形象地描述了它的毛色。但石渠县的赤狐同我国东北出产的赤狐相比，实际上其毛色明显暗淡得多。在哺乳动物的形态分类学上，头骨的特征才是学者们关注的重点，因为它的地理变异相对较小。如果我们仔细对比一下藏狐和赤狐的头骨，就会发现较赤狐而言，藏狐头骨的吻部细而长，所以它们长着一个又长又大的鼻子；藏狐的4枚犬齿也比赤狐的犬齿长，尤其是上犬齿，如果将头骨上下颌闭合，上犬齿的长度会超过下颌骨的底边，这是区分藏狐头骨和赤狐头骨的重要特征。此外，藏狐下颌骨的颌角较赤狐小，使它们的下颌看上去更加粗壮，难怪在野外看到的藏狐总是长着一张憨厚的方脸，而赤狐的脸则是倒三角形的，因而俊俏许多。

图 2-4　藏狐(a,c)和赤狐(b,d)的头骨(王正寰供图)

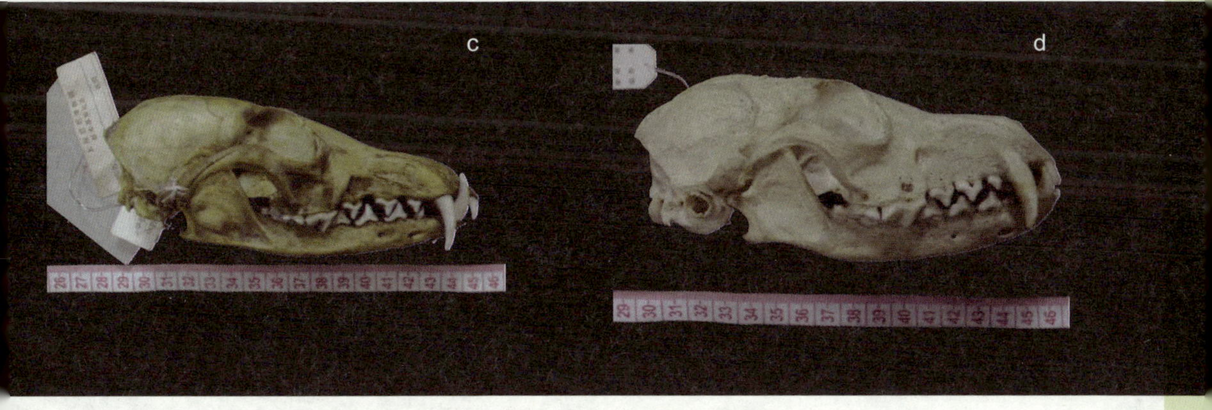

图 2-5　藏狐短小的四肢和耳朵(崔滢供图)

第三节　高原生活的好手

经常有朋友问我们一个有趣的问题：藏狐在形态学上与赤狐的差异是否意味着它能更好地适应高原生活呢？的确，如果仅从种群数量的大小来看，毫无疑问藏狐是有优势的，例如2013年8月，100平方千米的样区内记录到的藏狐与赤狐的数量比为23∶1。无论藏狐还是赤狐，均以小型啮齿类动物为主要食物来源，这些啮齿类动物可都是挖洞高手啊。较长的吻部和犬齿无疑使藏狐能够更好地捕捉洞穴里的小动物。此外，藏狐较短小的四肢和耳朵也符合阿伦规律的预期。该规律指出，温血动物身体的突出部分，如四肢、尾巴、

图 2-6　黄昏时在山坡上巡视的藏狐

外耳(耳郭)等在气候寒冷的地方有变短的趋向,这有利于温血动物在寒冷条件下减少散热,可以解释为对高寒环境的适应性进化。所有这些信息似乎都支持藏狐更适应高寒生活的观点。然而,赤狐是世界上已知的分布最广的食肉目动物,其分布区的地理北界深入北极冻原地区,那里极端的严寒气候一点儿也不下于青藏高原高海拔地区[5]。赤狐对多样的栖息地环境具有很强的适应能力,毫无疑问也包括对青藏高原生态系统的适应。事实上,青藏高原的赤狐与其他地区的同类相比已经发生了分化——相对灰暗的毛色与环境的颜色更贴近便是一种环境适应特征——被叫做赤狐西藏亚种。这种分化正是其对特定环境进化适应的结果。另外,由于赤狐的毛皮质量上乘,一直遭到大量猎杀,这是赤狐数量相对较少的重要原因。进入21世纪以来,虽然零星的赤狐猎杀事件时有发生,然而它们的整体生存环境正在改善,这同文化、教育、经济、管理、执法等多方面的进步是分不开的。因此我们倾向于认为,这两种狐狸都是适应高原生活的高手。而在青藏高原这片广袤的土地上,像它们这样的生物还有千千万万。正是这些顽强的生命造就了青藏高原丰富的生物多样性。

图 2-7 对于捕捉洞穴里的小动物而言,藏狐狭长的吻部是很好的进化适应特征(崔滢供图)

第三章　狐粪的秘密

第一节　谁是藏狐的最爱

2006年5月下旬，海子山，突降鹅毛大雪，盘山公路完全看不见了，世界似乎只剩下了白色。我们被困在山顶。我们无聊地刮掉结在车窗上的冰霜，没有焦点地看着外面白茫茫的世界，倾听着雪花触摸车窗的声音。雪停了，我们决定下车走走。在厚厚的积雪上漫步对于生长在南方的我们来说是一种难得的享受。然而这个季节正是青藏高原上青黄不接的时候。经过漫长冬季的消耗，草原上的动物们正焦急地等待着天气转暖、大地返青。对于它们而言，这场大雪真是让人气馁。雪一停，高原鼠兔（*Ochotona curzoniae*）们便迫不及待地打通了被积雪堵住的洞口，来到地面上活动，呼吸呼吸新鲜空气，梳理梳理皮毛。再看看周围，雪雀（*Montifringilla* spp.）也出来活动了，角

图 3-1　白雪皑皑

图 3-2　雪地印记

图 3-3　高原鼠兔(崔滢供图)

图 3-4　藏狐的脚印

百灵(*Eremophila alpestris*)正在开心地歌唱。不久前还一片死寂的大地充满了生机。一只香鼬(*Mustela altaica*)正忙着在鼠兔洞里窜进窜出,在我们的印象里,它永远是个好动分子。再往远处看,一只藏狐正在到处活动,漫长的冬季似乎并没有削弱它的斗志。刚下过雪,鼠兔的活动痕迹很明显,哪些洞里有鼠兔一目了然。这只藏狐正在不知疲倦地嗅探这些洞穴,试着自己的运气。

野生动物能够在一个地方生存下来,食物是其最基本的生活保障。在石渠县的高山草甸上,藏狐是重要的猎食者,几乎没有天敌。这是否意味着它想吃谁就吃谁呢?草原上的食草动物小如鼠兔、田鼠,大到藏原羚(*Procapra picticaudata*)、藏野驴(*Equus kiang*),谁是藏狐的最爱呢?这些问题的答案就藏在藏狐的粪便里。

对于生态学研究而言,粪便绝不是什么"废物",而是能够用来窥探动物习性、健康状况和生理状态的宝贵材料。

图 3-5 白腰雪雀(崔滢供图)

哺乳动物的粪便中常常含有尚未消化掉的食物残渣，分析这些食物残渣就可以知道动物都吃了些什么。粪便中有很多细菌、病毒和寄生虫卵，通过分析这些微小生物的组成，可以评价动物身体的健康状况。粪便中还有很多体内激素的代谢产物，检测这些物质的含量可以告诉我们动物的生理周期、精神状况、内分泌等隐私。更厉害的是，粪便中还有从动物肠壁上脱落下来的肠壁细胞，里面的DNA可以用来分析动物的遗传、进化、亲缘关系等。所以要知道藏狐吃什么，我们还得从采集狐粪说起。

藏狐通常会用粪便来标记领地以宣示自己的存在。因此它居住的洞穴、领地内比较醒目的地点——一块突出的岩石或是一块高出周围的土包——都是它们排便的理想地点。由于藏狐传播棘球绦虫病，因此收集粪便的时候要防止污染自己的手和身体。一个自封袋或一支大号的离心管(一种底部尖尖、顶上有密封盖的实验室容器)是理想的采集工具。

图 3-6　香鼬

图 3-7　一块石片上的藏狐粪便，可以看到粪便中有大量消化不掉的毛发以及零星突出在粪便表面的小型哺乳动物骨骼(王正寰供图)

第二节 鉴识实录

虽然随着分子生物学技术的进步，人们已经可以通过提取粪便中的DNA来分析食性，但是这类方法的应用还存在不少问题，现有的DNA分析方法并不如人们想象的那样准确、便捷[6,7]。最常用的食肉动物食性分析方法是形态学鉴定法，即通过对比、分析食肉动物粪便里猎物的毛发、骨骼等不能被消化的残留物来确定猎物的种类。做食肉动物食性分析时，需要把粪便拆开检查里面的食物残渣，而近距离接触食肉动物粪便很不安全。为此，必须对藏狐的粪便进行彻底的消毒。首先，将保存有藏狐粪便的离心管带回实验室后，要马上放入-80℃的超低温冰箱冷冻3个星期，以杀灭所有的棘球绦虫卵。然而，食肉动物的粪便就像是一件小型的生物武器，里面的致病生物可不止棘球绦虫，仅仅靠超低温消毒是不够的，所以还要对解冻以后的粪便进行20分钟的高压灭菌，这样才能解除警报。在进一步分析之前，还要再把消过毒的粪便淘洗一下，把里面的杂质去掉。然后，把湿漉漉的粪便烘干，一切准备工作就绪，接下来食性分析正式开始。

烘干以后的狐粪再也不是原来那样手指头粗细、黑黑的一条了，而是变成了一堆杂乱的毛发——啮齿类动物的毛。藏狐主要捕食草地上的小型啮齿类动物，而这些动物的毛发都是消化不了的，于是成为食物残渣被排遗出来。不过，要是认为狐粪中只有毛发那就错了。仔细清理毛发后，还可以看到里面混着没有消化掉的啮齿类动物骨骼、昆虫的外骨骼，以及一些植物的碎片。这些线索告诉我们，藏狐除了吃啮齿类动物以外，也会捕食一些昆虫或其他节肢动物，有时也会吃一些植物来果

图 3-8　分解开以后的藏狐粪便(a. 大量黑色的毛发夹杂着啮齿类动物的骨骼、昆虫的几丁质外壳以及植物的碎屑；b. 从粪便中分拣出来的啮齿类动物下颌骨和牙齿)(王正寰供图)

腹。由此看来，它实在不是一个挑食的家伙。一般认为，狐狸主要捕食小型啮齿类动物，而我们在藏狐粪便中发现最多的也正是啮齿类动物的骨骼。那么藏狐到底捕食哪些啮齿类动物呢？

为了解决这个问题，我们要利用狐粪里残留的啮齿类动物残骸来鉴定啮齿类动物——这是一个看起来容易，做起来非常困难的工作。常规的形态学鉴定可以利用的信息包括动物皮毛、体重、身体各部分的尺寸比例以及骨骼特征。但是在我国广袤的西部高原上分布着数量众多的啮齿类物种，如果我们不能找到一个物种搜索范围，要通过比对上百个种的形态学特征来判断石渠县的藏狐吃了哪些啮齿类动物，显然不是一个好办法。所以最好的办法是首先搞清楚研究地区到底有哪些啮齿类物种。许多年以来，我们一直在协助石渠县卫生防疫部门的工作人员监测当地的啮齿类物种。通过上述形态学鉴定方法，已经知道当地常见的小型啮齿类动物有：高原鼠兔、青海田鼠(*Lasiopodomys fuscus*)、白尾松田鼠(*Phaiomys leucurus*)、高原松田鼠(*Neodon irene*)、根田鼠(*Microtus oeconomus*)[8]、藏仓鼠(*Cricetulus kamensis*)、长尾仓鼠(*C. longicaudatus*)

等 7 个种。此外，高原兔（*Lepus oiostolus*）和高原鼢鼠（*Eospalax baileyi*）也是当地常见的啮齿类动物。得益于石渠县长期的监测工作，我们收集了大量关于这些常见啮齿类动物的形态学资料和科学标本。

然而，在藏狐粪便中不可能发现完整的啮齿类动物尸体，因此整体形态特征无法用于物种鉴定。细心的读者可能会想到使用粪便中的啮齿类动物毛发来鉴定物种。的确，现有的技术已经可以通过用显微镜观察哺乳动物毛发的形状、表面的鳞片和内部结构特征来鉴定物种，但是这些特征在亲缘关系较近的物种间差异并不十分明显。举例来说，我们把狐粪中收集到的毛发横切后在显微镜下观察发现，这些毛发主要有骨头形状和圆形或椭圆形两类横截面形状。其中，骨头形截面这个特征是鼠兔毛发才有的，而当地最常见的鼠兔就是高原鼠兔，因此我们可以确定藏狐捕食高原鼠兔。长期在野外对藏狐捕食行为的观察也证实了它们是捕捉高原鼠兔的高手。而圆形截面毛发的种属特征就不那么明显了，因为如前所述，当地至少分布着4种田鼠和2种仓鼠，这些物种的毛发横截面形状都是圆圆的，很相似。另一方面，因为消化液的作用和肠胃的蠕动，不同物种、个体残存的毛发常常变成乱糟糟的一团。再加上毛发被消化液浸泡、作用，毛发的结构特征会有损失，因此要利用粪便中的毛发来做深入的物种鉴定是极其困难的。要想进一步寻找证据，狐粪里那些没有消化掉的骨头这时就派上用场了。

图 3-9　藏狐粪便中毛发的横切面（红色箭头所指的骨头形截面就是鼠兔毛发的横截面）（王正寰供图）

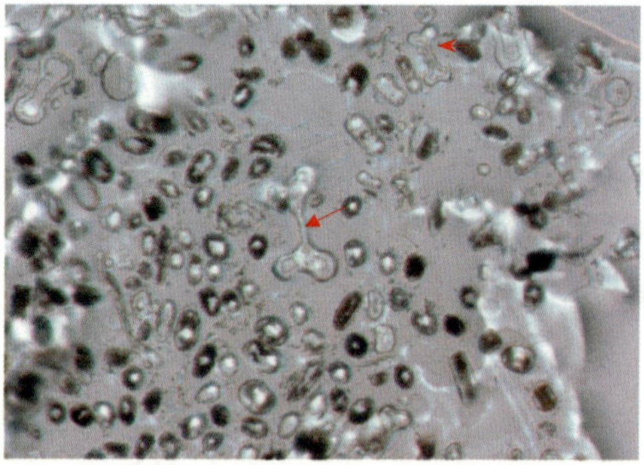

第三节　美食清单出炉

虽然骨骼是啮齿类动物身上最坚硬的器官，然而面对藏狐强大的消化系统，它依然无招架之力。我们能够从狐粪中收集到的仅仅是一些大小不一的啮齿类动物骨骼碎片，但是牙齿是个例外。啮齿类动物的牙齿不仅坚固而且体积小，我们总是能从狐粪中收集到很多细小的、完整的啮齿类动物牙齿。每一种啮齿类动物都有本种固定的牙齿数量和特定的牙齿形状。牙齿，尤其臼齿是啮齿类动物分类鉴定的重要依据。因此，只要能从狐粪中分离到具有分类学价值的牙齿，结合对研究地区啮齿类物种组成的认识，我们就可以确定藏狐究竟吃的是哪些啮齿类动物。

利用啮齿类动物牙齿进行物种鉴定的关键是牙齿的形态和咀嚼面上齿环的形状。以臼齿为例，我们几乎总是能够找到每种啮齿类动物独特的臼齿形态，然而近缘种牙齿的相似度很高，其差异还是需要仔细分辨的。而且，牙齿咀嚼面特征信息会因为随年龄的增长而加剧的磨损变得越来越模糊。再加上每个具体的动物都存在不同程度的变异……总之，啮齿类动物的形态学鉴定是一个需要不断练习才能“熟能生巧”的技术活儿。

经过仔细分拣和比较后，我们发现鼠兔残骸可以在70%以上的狐粪中找到，其次是各种田鼠占比30%以上，其中以白尾松田鼠最多。因为有时候会在同一块粪便中分别找到鼠兔和田鼠的骨骸，所以这两类动物在狐粪中的出现百分比相加会大于100%。然而科学研究的矛盾就在于，一方面要相信科学，一方面又必须保持怀疑一切的警惕心。在我们的研究中，至少有1/3的狐粪里面找不到具有分类学意义的骨

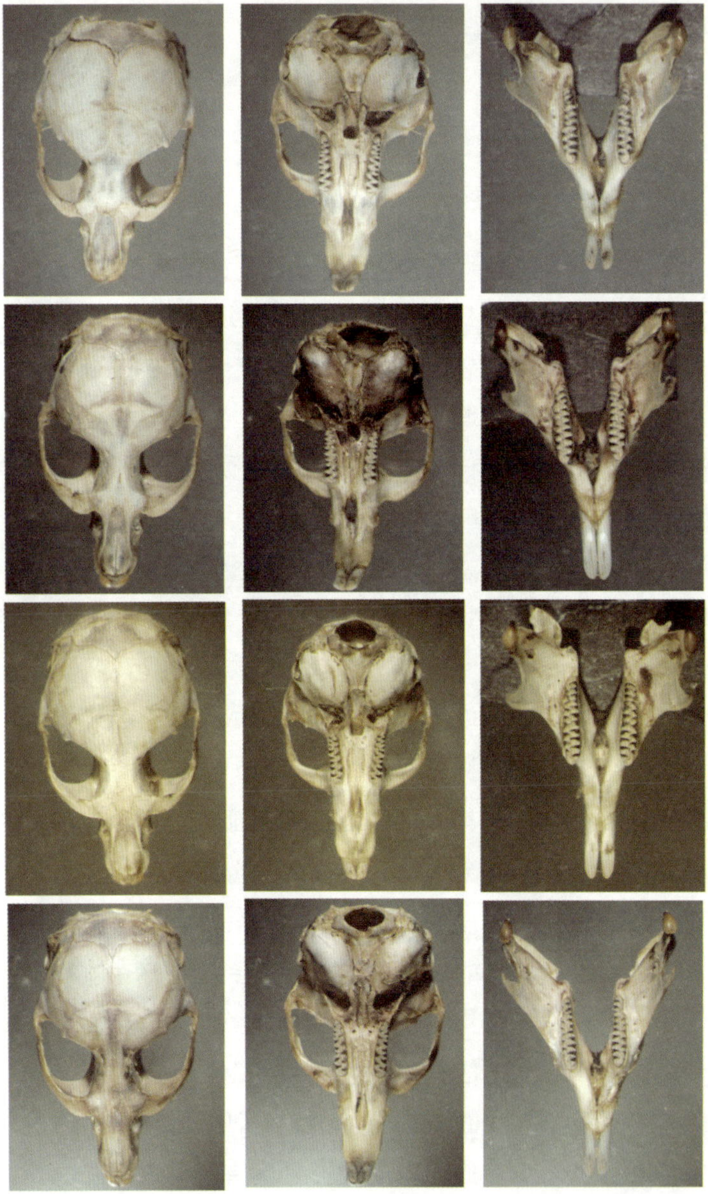

白尾松田鼠

高原松田鼠

根田鼠

青海田鼠

图 3-10　四种田鼠的头骨与下颌骨比较(读者能够找到它们的差异吗?)(王正寰供图)

骸。而对这些样品进行毛发鉴定后，能够确定的又都是鼠兔毛发。因此，在上面这组数据中，我们极有可能低估了田鼠被捕食的概率，不过总的来说，鼠兔在粪便中的检出率是比较可靠的，基本可以肯定高原鼠兔是藏狐最主要的捕食对象。

另一方面需要指出的是，藏狐是一个机会主义者。在我们工作的研究地区分布着数量众多的旱獭、藏原羚、藏野驴以及家畜如牦牛和绵羊，虽然在我们的样品中没有明确的证据证明藏狐捕食了这些动物，但是已有资料[16,40]证明，藏狐是不会放过任何获取可口食物的机会的。

图 3-11　高原上处处可见鼠兔的身影(崔滢供图)

图 3-12　高原鼠兔是藏狐的最爱(崔滢供图)

第四章　在草地上生活

第一节　藏狐的领地

在石渠县，海拔超过4000米的高山草甸生态系统地貌主要是低矮山丘组成的平缓坡地。从谷底到丘顶的高差通常小于200米。在各山丘间隔形成的山谷底部有大小不等的溪流、小河穿过构成水网。草地是这里最主要的植被类型。莎草科的高山嵩草（*Kobresia pygmaea*）和四川嵩草（*K. setchwanensis*）以及其他一些禾本科的牧草构成了草地的主要草种。但实际上这片草地上还隐藏着更多的惊喜，因为一到7、8月，这片绿油油的草原就会变成花的海洋。站在谷底小河两边平坦的草坡上放眼望去，珠芽蓼（*Polygonum viviparum*）、圆穗蓼（*P. macrophyllum*）、微孔草（*Microula sikkimensis*）和各种马先蒿（*Pedicularis* spp.）竞相开放着白色、粉色、红色、黄色、蓝色、紫色的形状各异的花朵。各种龙胆（*Gentiana* spp.）的花也不总是如想象中的那样是紫色的，而可以是白、黄、蓝、紫等多种颜色的组合。往山坡

图 4-1　夏季的高原是一片花海（崔滢供图）

图 4-2　隐蔽在珠芽蓼中的藏狐(崔滢供图)

上走,到了半山腰时,草地上开始出现一些灌丛——金露梅(*Potentilla fruticosa*)进入视线了。它们是一些开着黄色小花的矮灌木。而随着海拔越来越高,这些金露梅的长势也越来越好,株高从一开始的15厘米窜到了60厘米。再往上走,靠近山顶则是高山柳(*Salix cupularis*)的天下了。虽然学名唤作柳,但它们实际上还是灌木,株高可达1米以上。有时,由于整个山谷的基础海拔比较高,山顶的海拔甚至超过了4700米,在这个高度灌丛也不见了,只能见到一些稀疏的草本植物和苔藓。因此远远地看去,灌丛总是呈带状分布在山坡的中上部。

在从谷底向山顶走的过程中,有时可以看到草地上散落的鼠兔残骸、藏狐粪便以及藏狐洞穴。我们一直都希望自己能有机会长时间地观察一只藏狐的日常行为,看它如何捕食、如何保卫自己的领地、如何与家庭成员相处、如何打发阳光下闲散的时光。但是它们总是很神秘,除了偶尔会从某个草坑里跳出来吓我们一跳之外,很难捕捉到它们的身影。毫无疑问,要观察藏狐必须首先知道在哪里能够找到它们。我们的记录显示,所有与藏狐有关的目击事件90%以上都发生在草地上,极少在灌丛里看到它们的活动痕迹。这是否意味着藏狐是在刻意避开灌丛而更多地选择在开阔的草地上活动呢?如果是这样,那又是为什么呢?

第二节　山坡上的秘密

对于野生动物而言，栖息地有三大基本功能：水源、食物、隐蔽场所。因此，适合它们生存的地方必须首先满足这三个基本条件。要了解藏狐的栖息地利用方式，首先要了解这三种生存资源在环境中的分布情况。我们需要通过走样线的方法[9]来收集这些信息。样线的起点通常设置在山谷底部的小河边，然后垂直走到小河一侧的山丘，如此，这条样线将穿越小河边的湿地、草地、灌丛直到山顶。

除了下雪以及晨间的霜露，这里的水源主要是山谷中的溪流、小河。水滋养着河流周围的土壤，使得山谷中海拔最低的地方往往分布着大量的湿草地。一块典型的湿草地里分布着大大小小的水坑，土地由于被水浸泡变得非常湿软。样线开始的最初一段路程就是要穿越这样的地方。走路时最好选择有草的地方，如果不小心走在裸露的土地上，整条小腿都会陷进去。7月是雨季，因此河水会上涨，漫过原先无法到达的地方，这些地方的啮齿类动物不得不放弃家园，留下许多因为泡水而废弃的洞穴。

我们的样线数据显示，水源周围可以观察到大量的藏狐脚印和粪便。通常我们会选择在一些藏狐活动痕迹比较集中的地方做上标记，等到一个晴好的清晨躲在河对岸的山坡上，远远地用望远镜观察被标记的地方。浅蓝色的晨雾中，一只藏狐迈着轻盈的小碎步从山坡上跑下来，在湿草地上灵活地绕来绕去，身上、尾巴上浓密的毛发随着身体的运动有规律地上下抖动着。终于来到河边，它习惯性地抬头向四周观望一下，然后低头喝起水来。有时候，还可以看到藏狐在水边嗅来嗅去，然后找个地方排出粪便。这既是生理需要，也是一种标记——这里是它喝水的地方。喝饱以后，藏狐舔舔嘴巴，转身回到山坡上，找个舒服的地方坐一坐或者躺一躺。太阳就要升起来了。阳光从我们身后的山顶投射到河对岸的山坡上，湛蓝的天空和金黄色的山坡之间有一道清晰的分界线。而金黄色的部分就像是水彩画上色一样一点一点向着山谷里青蓝色的部分浸染着。最终阳光洒到了那只藏狐身上。它正面向东方端坐着，像是在进行一场迎接太阳升起的仪式，眼睛里满是朝阳的光辉。到小河里喝水是藏狐每天必做的事情。一天中它们会从山坡上下来好多次，但是清晨和黄昏是观察到这种行为概率比较高的时候。为什么白天的其他时候看到它们下山的机会比较少呢？回

图 4-3　高原鼠兔在草原上修建了庞大的地下洞穴系统

想起来，这可能同我们看狐狸的地方白天经常有牧民的摩托穿越有关吧。

当沿着样线再往山坡上走了一段以后，整片的草地变得干燥起来，啮齿类动物的洞穴也随之渐渐多起来。有时候在一个5米×5米的草地样方中可以找到多达70个啮齿类动物的洞穴[10]。在草地上最常见到的啮齿类动物就是高原鼠兔。高原鼠兔看起来像老鼠，实际上却和兔子是亲戚。它们依赖自己庞大的地下洞穴系统的保障，以家族为单位生活。只要天气晴好，这些小动物就会从自己的洞穴里跑到地面上活动。它们喜欢开阔的生境，草地毫无疑问是这片土地上既开阔又能找到丰富食物的地方，因此也是高原鼠兔最多的地方。但是鼠兔是非常谨慎的动物。它们一边吃草一边警戒，一旦有危险靠近就会有同伴发出报警声，然后大家快速奔跑逃回自己的洞穴里躲避。受限于家族洞穴系统延伸的范围，通常一只鼠兔的地上活动范围不超过300平方米[11]。所以，当一块草地上的高原鼠兔密度过高时，草地植被和土壤结构就会受到严重破坏[12]，最终变成黑土滩——植被稀少、土壤松散的不毛之地。鼠兔是藏狐的主要食物来源，因此鼠兔密度高的地方也是藏狐经常来光顾的地方。鼠兔被捕食后留下的残骸、藏狐活动的身影以及狐粪，常常可以在鼠兔较密集的地方被发现。当样线向山坡上方进一步延伸到灌丛带时，鼠兔的密度就显著地降低了。相应地，在这一带发现藏狐活动痕迹的概率也就小了。

许多在草地上生活的体型不太大的动物居民都采用与鼠兔相似的生存策略。它们有自己的洞穴作为避难所，平时在地面上活动，利用开阔生境提供的视野及早发现危险并迅速逃跑或进洞躲避。藏狐也不例外，洞穴是它们重要的生存资源。但是与鼠兔不同的是，藏狐主要利用喜马拉雅旱獭（*Marmota himalayana*）的洞穴。同鼠兔一样，旱獭喜欢开阔的草地，它们在草地上挖掘洞穴，平时在洞穴周围的地面上吃草。然而藏狐是个挑剔的房客，并不是所有的旱獭洞都适合它。因此，一个适宜的洞穴是非常宝贵的生存资源，只要不被干扰，藏狐就会在这个洞穴世世代代居住下去。我们曾经对153个确定有藏狐居住的洞穴进行过栖息地类型的分析，发现其中143个分布在草地上，占全部洞穴的93%以上，仅有10个洞穴分布在生长有金露梅的矮灌丛草地中，而在茂密的高山柳灌丛中则没有发现藏狐的洞穴。我们认为，出现这种现象的原因就在于洞穴的建筑师是旱獭。既然旱獭喜欢在开阔的生境中挖洞筑巢，那么这些被藏狐看中的洞穴也就毫不例外地分布在开阔的生境里了。

图 4-4　藏狐和喜马拉雅旱獭

第三节　躲避危险的策略

既然藏狐主要在草地上活动，为什么我们还是不能轻易地看到它们呢？这主要是由于藏狐披着一身土黄色的皮毛，当它们蜷缩起来时，这身皮毛让它们看起来就像是地上的一块石头。在最初的几年里，藏狐用这一招轻易地骗过了使用望远镜寻找它们的我们。但是随着野外经验的积累，我们逐渐炼就了发现它们的“火眼金睛”。草地上的藏狐最有效的隐蔽方法就是躺在草坑里。虽然高山草甸远远望去就像一块平整的、绿色的地毯覆盖在连绵起伏的小丘上，但实际上，这块“地毯”上布满了大大小小的坑洞。这些坑洞通常是啮齿类动物的洞穴坍塌以后导致地面凹陷而形成的。藏狐就躲在山坡上的这种凹地里，没事的时候晒晒太阳、打打盹，一旦发现周围的动静，它就微微抬起头，既不暴露自己又能观察环境。由于观察角度的原因，只要它不动，就很难发现。当我们循着山坡向山顶走去时，早就已经被它注意到了。但

图 4-5　午后的休憩时光(崔滢供图)

是它自信绝不可能被发现，所以只有当我们靠得非常近时，它才会从草坑里跳出来，一溜烟地向山顶跑去，受到地势的掩护，很快就消失在山坡上的某个地方了。而我们确实也没发现它其实就近在咫尺——直到它从草坑中一跃而出为止。当然，这一招主要是用来对付来自地面上的威胁。

虽然成年藏狐几乎没有天敌，但是体型比它们大的食肉动物依然是它们生存的威胁。当藏狐遇见家犬或狼时，就会迅速逃跑，躲进自己的洞里，而家犬和狼很少会为一只藏狐在海拔4000多米的高原上奋力奔跑，因此见到藏狐跑远了也就没了兴趣。但是像金雕这样的大型猛禽，在天上飞显然比藏狐在地上跑要快得多。如果遇到这样的猛禽，藏狐就要调整策略了。如果猛禽已经飞得很近了，藏狐便就地躺下，翻身四脚朝天猛踢那只大鸟，猛禽虽有利爪，但身子骨毕竟没有那么结实，多半只好放弃。更多的时候，当藏狐发现猛

图 4-6 亚成体藏狐

图 4-7　慵懒地晒晒太阳

禽在它头顶盘旋时，就意识到它平静的生活要暂停一会儿了——它会从容地躲进自己的洞穴。

藏狐规避灌丛极有可能也是其反捕食策略的需要。在一般情况下，我们很难与一只藏狐靠近到200米以内。但是有一次在灌丛里，我们看到一条毛茸茸的藏狐大尾巴。我们轻轻地靠近，直到距大尾巴30米左右时，大尾巴的主人才反应过来，立刻跳起来向着山顶跑去。藏狐的平均肩高[13]只有35厘米[14]，而当时它正置身于高山柳灌丛——平均高度70厘米，高大的植被很可能阻挡了它的视线，因而才未及时发现我们的存在。此外，从体型和毛色来看，这是一个“年轻人”，也许正是因为年轻所以缺乏经验吧。另外一个细节也让我们注意到灌丛对藏狐的不利。那只年轻的狐狸夺路而逃时，无法越过灌丛，只能在灌丛之间的空隙里迂回前行。而在草地上时，草的高度很少超过20厘米，藏狐可以轻松地越过植被，选择最近的线路，快速跑动。

很显然，生活在草地上的藏狐有最丰富的猎物，有它无法割舍的洞穴家园，能更好地隐蔽自己和更机动灵活地躲避风险。草地无疑是它们最合适的栖息地了。

第五章　洞穴居民

第一节　抢房子得靠武力解决

4月的一个早晨，气温在-10℃以下。刚下了一场雪，枯黄的草地没有一点生命的颜色，在斑驳的积雪映衬下，显得格外萧条。久违的太阳扒开厚厚的云层，露出大半个脸来，草地上的动物居民们马上积极响应，从洞穴里来到地面上享受阳光的温暖和快乐。此时可以听到角百灵婉转的歌声，看到动物们快乐的身影，正是对这种场景的向往，激励着我们在这片高寒土地上坚持着工作。就在这时，我们关注的那个藏狐洞穴有动静了。这一窝藏狐由一对父母和3只小狐狸构成。这会儿小狐狸们正在父母身上蹭着、亲着，尽情享受着阳光下家庭生活的温馨时刻。突然，有人忍不住打了一个喷嚏，暴露了我们的隐蔽场所。藏狐一家几乎是同时向我们这边警觉地看过来。小狐们立刻躲进洞中，而大狐则分两个方向向山顶跑去——这显然是要把我们的注意力从它们的洞穴上引开，以保卫自己的家园和后代。但是，我们并未上当，因为此行的目的就是要了解藏狐洞穴生活的秘密。

一些早期的著作没有明确说明藏狐洞穴的来源[15,16]，有些观点认为藏狐

图 5-1　一大家子

是自己挖掘洞穴的。但是仔细观察一下藏狐的四肢就会发现,它们长有犬科动物典型的腿脚,小而钝的爪子总是外露着。它们的腿适合快速奔跑却不利于挖掘洞穴。在捕食时,为了把洞穴里的鼠兔赶出来,藏狐也会利用自己的小爪子刨土,有时甚至连嘴都用上了。但即便这样,辛苦劳动后也只是挖了一个小土坑,挖掘居住用的洞穴对于藏狐来说是一件极其艰巨的任务。

根据我们的观察发现,藏狐主要利用喜马拉雅旱獭的洞穴。喜马拉雅旱獭是一种体型大小和藏狐相仿的啮齿类动物,它们有强壮的利爪和锋利的门牙,是挖掘洞穴的好手。但是要占据旱獭的洞穴并非易事,首先要征得主人的"同意"。藏狐必须非常小心地打探主人的实力,要知道一只强壮的成年旱獭是可以让藏狐吃大苦头的。我们曾经见过当地有人将一只藏狐和一只成年旱獭关在一个笼子里,结果旱獭对藏狐发动了猛烈的攻击,又抓又咬之后,藏狐完全败下阵来,浑身是伤。所以侵占旱獭的洞穴需要谋略。旱獭是一种营家族生活的啮齿类动物。一大家子旱獭通常有很多洞穴,有些洞穴一年到头也不见得能用上一回,这些洞就成了藏狐占便宜的对象。有时候藏狐看上了一个旱獭洞,但是洞里主人还在。这时藏狐会耐心地观望,直到主人现身。如果主人是只半大的小旱獭,藏狐就会把那只小旱獭赶走,堂而皇之地霸占那个洞。不过有时候,受了欺负的小旱獭会找来妈妈和兄弟姐妹报仇。藏狐是万万对付不了这么一大家子的,只好灰溜溜地放弃这个心仪的家,另觅住处。

图 5-2 依偎

第二节　挑洞是个技术活

藏狐可是个讲究生活质量的住户，因此不要以为只要有旱獭的弃洞，它们都会去住。水是野生动物生存的重要资源，但是水源似乎不是限制藏狐洞穴分布的主要原因。根据我们2001年至2003年对156个藏狐洞穴的统计发现，藏狐洞穴距离水源平均为814米，最近的只有72米，而最远的可达2218米。但是无论远近，所有藏狐洞穴均分布在山坡上。至于那个离河岸只有72米的洞穴则是位于一个很陡的山坡上，高出水面10米以上。对于旱獭挖在平地上的那些洞穴，藏狐是很少问津的。一个合理的解释是藏狐对洞穴的排水性能的选择。良好的排水性能被认为是哺乳动物对巢穴的基本要求[17, 18]。构筑在山坡上的洞穴由于地势较高，即便是雨季也不易被河水淹没。同时，石渠县高山草甸生态系统中的主要土壤类型为高山草甸土和高山灌丛土。这类土壤的特点是土层浅薄（一般50—60厘米深），质地以沙壤土和轻壤土为主，多石砾和碎屑结构，保水性能不好，土体干燥[19]。因此，即使在雨量充沛的雨季，位于山坡上的地势优势以及土壤的排水性能也可以保障狐洞的相对干燥。

另一个影响藏狐洞穴选择的重要因素是坡向。根据北半球太阳起落的角度来为坡向分类，定义阳坡为112.5—202.5度，阴坡为292.5—22.5度，半阴半阳坡有两个范围，即22.5—112.5度和202.5—292.5度。据此测定藏狐洞穴所在坡面的坡向以及洞口朝向。数据显示，狐洞主要分布在阳坡和半阳坡上，而洞口的朝向和坡向基本一致——平均角度朝向西南，而在阴坡上的藏狐洞穴很少[20]。藏狐选择向阳的坡面这一结果同北极狐(*Alopex lagopus*)以及赤狐的洞穴研究结果相似[21,22]。在北半球,向阳坡面的地温比其他朝向的坡面要高[23],因此藏狐在向阳的坡面上筑巢对提高洞穴内的温度,从而改善洞穴微气候条件有利。另外,对北极狐洞穴朝向的研究表明,北极狐洞穴主要分布在朝南的坡面上,这同避开北极严酷的夏季风的风向有关,即符合风向假说的理论假设[24]。对墨西哥狐(*Vulpes macrotis*)[25]以及狼[26,27]的洞穴研究结果也支持这种理论。但是对藏狐洞穴的研究结果却是这种理论的反例[28]。我们统计了石渠县2001年至2004年逐月的气象资料(资料据石渠县气象站数据)发现,石渠县冬季盛行西风,但是进入春季以后风向并不固定。因此,我们认为藏狐洞口的朝向并非出于躲避盛行风向的需要,而更可能仅仅是出于旱獭在挖洞时依托山坡的走势,从而节省挖洞能量消耗的一种适应性行为而已。而且进

图 5-3　营群居生活的喜马拉雅旱獭

图 5-4　良好的排水性能是藏狐选择洞穴的重要依据之一

图 5-5 藏狐的洞穴

图 5-6 洞口

一步解剖藏狐洞穴后可以发现，几乎所有洞穴连接入口的洞道都发生了弯折，平均下行距离为1.7米。高山草甸土层较薄，现场挖掘试验证实土层深度大约只有60厘米，土层之下便是大块的岩石。因此洞道下行不太深即会碰到坚硬的大石头，洞道必然要弯曲才能继续挖掘。而这种洞道弯折的洞穴挖掘方法客观上起到了削弱进入洞穴的风力的作用，为藏狐在洞穴中躲避严寒以及养育后代提供了便利。

第三节　单口洞VS群洞

说到养育后代，这就要说一说藏狐洞穴的分类了。藏狐的洞穴一般可按用途分为两类：日常生活所用和繁殖后代所用。前者包括日常生活中提供保护的洞穴，而后者，我们倾向于直接定义为繁殖洞穴。如果将藏狐洞穴的洞口数量作为一个指标来对洞穴进行分类的话，大致可分为单口洞和群洞两类。单口洞，顾名思义就是只有一个洞口的洞穴，是最主要的狐洞类型。在我们记录的156个藏狐洞穴中有109个属于单口洞。这类洞穴结构很简单。一个典型的单口洞穴由洞口的晒台、向下倾斜弯折的洞道以及洞道尽头略为扩大的卧室组成，洞口的直径一般在25厘米左右。所谓晒台其实就是洞里刨出的土在洞口堆积而成的土包。一个洞穴是否正在被藏狐使用很容易通过洞口的痕迹判断出来。洞穴如果被废弃，则晒台和洞道由于缺少动物进出洞穴时的踩踏，很快就会被植被覆盖，有时候洞口还会被蜘蛛网封盖。如果发现洞穴有动物进出的痕迹，如何判断它的主人是旱獭还是藏狐呢？这还得从晒台上找线索。由于动物经常进出洞穴，晒台上有一层浮土，它足够松软以至于可以清晰地看到动物留下的爪印。藏狐拥有犬科动物典型的轻盈小巧的爪印，而旱獭的脚印与之相比就要粗大许多。如果晒台上有藏狐粪便，这也是一个重要的证据，因为藏狐会在洞穴周围使用粪便和尿液来宣示自己的存在和对洞穴的占有。另外，凑近仔细观察洞口挂着的动物毛发也能告诉你主人是藏狐还是旱獭。虽然由于对高山草甸环境的适应性进化，无论藏狐还是旱獭都披着土黄色的皮毛，但是藏狐身上的毛发要比旱獭的长且更加柔软。

另一种洞穴类型是群洞。我们对它的定义是，在发现一个狐洞洞口之后，以它为中心在10米半径内寻找其他洞口，如果发现其他洞口，再以新发现的洞口为中心在10米半径内继续寻找新的洞口。如此类推，直到不能再发现新的洞口为止。在我们记录的156个藏狐洞穴中有22个是2口群洞，其他的群洞洞口数从3个到14个不等。群洞的各个洞口并不一定都连通，但是距离较近的两个洞口常常拥有连通的洞道。我们在2003年8月解剖了一组群洞，这组群洞位于一个小丘的顶部。在这之前的2001年7月我们曾观察到一对藏狐在这里养育了3个幼仔，之后由于建设手机基站的干扰，这组洞穴就被废弃了。这是一个由7个洞口组成的群洞。挖开洞道后可以看到，这组群洞其实是由1个单口洞、1个2口洞和1个4口洞组成，而其中的2口洞和4口洞分别是由洞道连通的。

藏狐洞穴主要为单洞口洞穴，而多洞口洞穴比例只占到28.8%。单洞口洞穴比例高于多洞口洞穴比例的现象在赤狐中也有报道，认为赤狐经常居住的洞穴，通常有2个以上的洞口，而临时洞穴一般只有1个洞口，是赤狐的临时庇护所[29]。该结论在藏狐的洞穴研究中也适用。狐属物种存在频繁更换居住洞穴的现象[17,30,31]。一般认为，类狐动物可以通过同时使用大量洞穴来躲避潜在的威胁[32]。在对草原狐(*V. velox*)的研究中发现，草原狐一年中平均使用11.8个洞穴[31]。在研究藏狐洞穴的3年里，研究地区成年藏狐数量稳定在10只左右，相比之下，我们记录到的156个洞穴的数量是非常巨大的。2006年以后开展的无线电遥测工作也证明，藏狐也存在同时使用多个洞穴的现象，而且有时候洞穴之间的距离超过了1000米。因此，作为生存对策的一部分，藏狐的洞穴使用模式值得进一步研究。

另一方面，藏狐洞穴的洞口数量和它们在山坡上的位置间存在着一定的相互关系。单口洞通常分布在山坡上较低的位置，而群洞的分布位置较高。在对草原狐[33]和墨西哥狐[25]的研究中发现，繁殖洞穴通常具有较多的洞口。

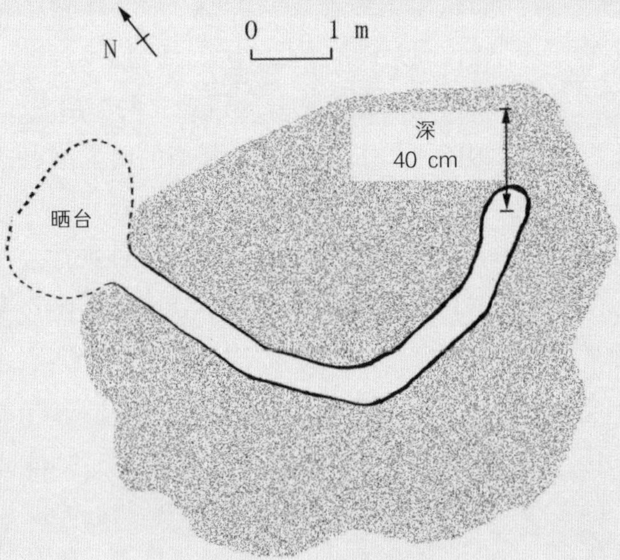

图 5-7　单口藏狐洞穴结构示意图(王正寰供图)

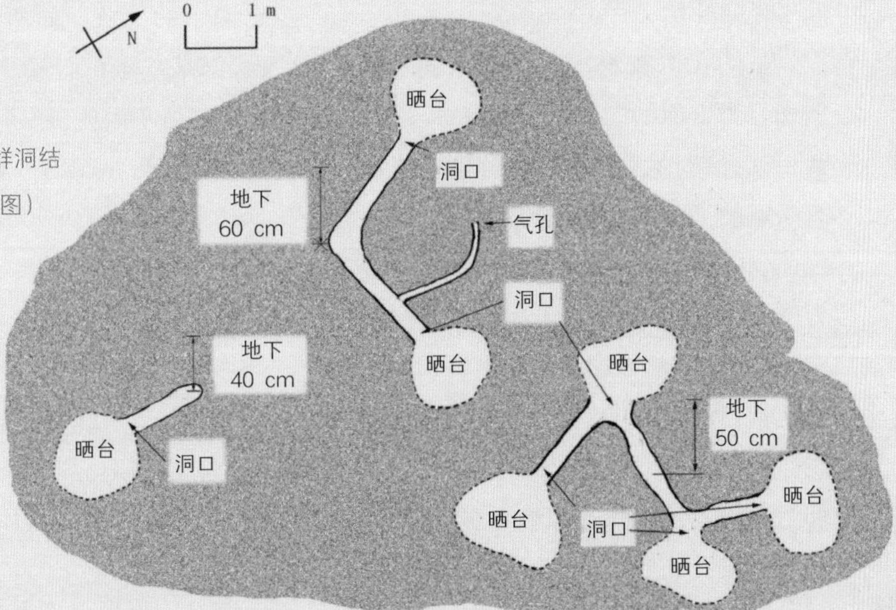

图 5-8　一个7口群洞结构示意图(王正寰供图)

对于藏狐繁殖洞穴的解剖显示，多个洞口之间存在着复杂的通道，这种具有多洞口和复杂通道的洞穴对于繁殖非常有利。我们一共仔细观察过4个藏狐繁殖洞穴，它们分别具有3、4、4、7个洞口，不同的洞口有洞道相连。据此，我们认为藏狐多洞口洞穴和藏狐的繁殖是有关系的，而较高的坡位分布可能有利于藏狐更好地避免干扰以及获得更好的视野。但是，在野外观察藏狐使用繁殖洞穴的行为特征并收集数据是一件非常耗时的工作，我们的工作仅仅是这方面工作的开始。

虽然我们在观察藏狐繁殖洞穴的使用行为方面的工作非常粗浅，一些观察记录却帮助我们对藏狐的繁殖规律有了新的了解。关于藏狐的繁殖周期，之前仅20世纪70年代在尼泊尔有过较为明确的记载[34]："藏狐在2月交配，4至5月产仔。"然而通过对繁殖洞穴的持续观察，我们于2007年2月在同属青藏高原东部高山草甸生态系统的青海省都兰县，观察到3只小藏狐在洞外玩耍，一只大雄狐正在给它们送来新鲜可口的鼠兔。等到5月份，这3只小狐狸已经长到大狐狸3/4大小了，而到了6月这些小狐狸就基本开始了独立的生活[6]。2015年3月，在石渠县我们的研究地点的一个繁殖洞旁，我们清晰地看到一只小藏狐正和一只成年藏狐在洞外的雪地上玩耍，这只小狐狸不到成年狐狸的一半大。一般情况下狐属动物的怀孕期在50至55天[35]，这意味着，我们在青藏高原东部看到的藏狐可能早在12月份就交配了。无论如何，根据我们的记录推算，藏狐的产仔期都要早于之前在尼泊尔的记载。而所有这些结论的获得，都是基于我们野外研究期间对藏狐洞穴坚持不懈的观察和记录。

第六章　永不消失的电波

第一节　戴上无线电“项链”

每天只能看到几次狐狸，大量工作只能停留在很初浅的水平上，这种情况随着藏狐研究的深入，让人越来越无法容忍。有没有一种方法可以让我们能够随时跟踪需要观察的藏狐个体？如此，我们才能获得它在一段时间内比较完整的行为数据，进而对藏狐的日常生活、社会行为有更深入的了解。

为了达到实时跟踪的效果，我们需要借助野生动物遥测技术。野生动物遥测基本上可以分为无线电遥测和GPS遥测两大类。前者需要给野生动物佩戴一个设定了发射频率的无线电信号发射器，然后使用手持式天线和接收机去寻找信号。既然是发射无线电信号，那么在任意方向设置的侦测点总能找到一个大致指向信号源的方向，所以在不同方向多设置一些侦测点，就能比较准确地估计出野生动物的大致位置了。然而无线电遥测也有许多缺陷。首先遇到的问题就是侦测的同步性。在野外进行无线电遥测时，一般我们要求至少有3个侦测点，而狐狸是在运动的，如果我们的移动速度不够快，当我们到达第二个侦测点时，狐狸早就已经离开第一个侦测点测向时的位置了。因此在侦测点较多时，为了尽量准确地测算被监测动物的位置，我们必须在尽量短的时间里完成工作。此外，无线电信号常常受到地形的影响，信号的反射和削弱都会降低遥测的准确性。进入21世纪以来，随着GPS定位技术的成熟，人们开始将这一技术运用到野生动物行为跟踪研究上来。GPS定位装置可以自动设定每日定位的频次，如每小时一个位点。然后自动上传位点资料到卫星，研究人员只需要通过Email下载数据就可以还原野生动物的活动轨迹和运动节律了。然而，GPS定位也有很多缺点。首先，与无线电信号发射器相比，GPS信号接收装置相当昂贵，需要大量装置时更甚。其次，如果狐狸躲在洞穴里，GPS装置会因为找不到信号卫星而失效。最后也是最重要的，GPS装置比较费电，因此为了保证工作时间必须匹配较高容量的锂电池，如此，整个装置会比无线电信号发射装置重出许多倍。许多研究都显示，佩戴遥测跟踪装置增加的额外重量会对野生动物的正常行为造成影响[36]，所以在实际研究中尽量使用轻小的跟踪装置非常重要[37]。好在石渠县大多是平坦而开阔的山坡。平坦的山地便于使用摩托车快速来往于各个侦测点。宽阔的山谷有利于减少无线电波的反射，从而降低对遥测的干扰。因此权衡利弊以后，我们还是选择了使用无线电遥测。

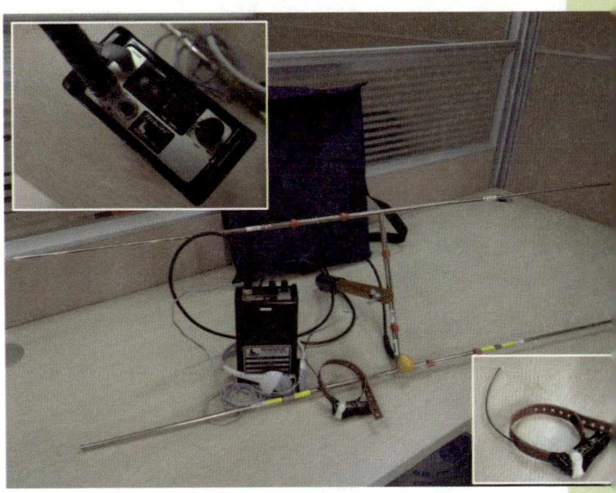

图 6-1　一套完整的无线电遥测设备，包括无线电接收机（左上图）、耳机、工字形天线、无线电颈圈（无线电信号发射器，右下图）（王正寰供图）

要想遥测藏狐，首要任务就是活捉它们并在其颈部佩戴无线电颈圈。这项工作的重点是必须保证被捕藏狐的健康。如果藏狐在捕捉过程中受伤或者死亡，那么就失去了佩戴无线电信号发射器以了解它们正常行为的意义。

怎样才能安全地捕捉到藏狐呢？石渠县卫生防疫部门的鼠疫防治工作人员根据国家任务要求，每年都会对藏狐、旱獭等野生动物进行采血化验。他们使用一种当地传统的绳套法来捕捉藏狐。这项技术是通过在洞口布设圈套来捕获进出洞穴的藏狐。由于绳套使用的是钢丝，其硬度、粗细都特别讲究，捕获藏狐以后，能够保证其既不会受伤又不能轻易逃脱。在比较了日本同事提供的笼捕法、美国同事提供的夹捕法后，最终我们还是选择使用了这种石渠县当地的传统捕猎方法。

捕捉到藏狐后，需要对它进行保定、测量并佩戴无线电颈圈。保定野生动物通常需要使用麻醉药物。但是我们的研究区域位于海拔超过4000米的地方，我们非常担心麻醉药物的副作用会伤害到狐狸。幸好我们的法国同事——一位在欧洲有着丰富的赤狐遥测工作经验的女生态学家，教会我们使用一种简单并且不需要使用麻醉药物的狐狸保定方法。首先一手按住藏狐的颈肩部，一手按住它的胯部，这样它就不能动弹了。然后为了防止藏狐咬人，得用一根布条缚住它的嘴，并可用一块布盖住它的眼睛，这样它就不再反抗了，可以明显地感觉到藏狐一开始卯足了劲儿的身体变得柔软而随和了。接下来就要抓紧时间检查它的身体，确保身体健康以后，进行称重和身体测量。还要从它耳郭的浅表静脉里抽一点血液以备研究之用。最后，给它佩戴无线电颈圈。释放时，先解除头部的束缚，然后轻轻地松开压在它身上的双手，藏狐柔软的身体瞬间就恢复了力量，一溜烟儿地跑掉了。

所使用的无线电颈圈在正常情况下可以不间断发射无线电信号24个月。从2006年7月至2009年8月，我们一共捕捉了11只藏狐，并对其中6只——3雄3雌——成功进行了至少一年以上的遥测跟踪研究。

图 6-2　一只正在进行无线电颈圈安装的藏狐SQ5。它是一只健壮的大雄狐，是4个孩子的父亲。在3只作为遥测跟踪研究对象的雄性藏狐中，它的家域面积是最小的，但身体条件却是最好的（王正寰供图）

第二节　食物和性别决定家有多大

一只成年藏狐的活动范围到底有多大？同我们人一样，动物也要有自己觅食、休憩、玩耍以及过家庭生活的地方。我们通常将野生动物的日常活动范围叫做它的家域。我们遥测的6只藏狐（编号为SQ1—SQ6）的数据显示，它们的平均家域面积是380公顷，但是个体间的差异非常大。很多因素会影响动物家域的大小，食物资源就是其中之一。如果有丰富的食物资源——啮齿类动物，较小的家域就可以维持藏狐的生活了。反之，它就需要搜索更大的范围才能获得必要的食物，也就需要更大的家域面积。

一些研究显示，性别对狐狸家域的大小也有影响，雄性个体的家域面积略大于雌性个体。例如：欧洲地中海沿岸的赤狐雄性个体的平均家域面积有139公顷，而雌性的是123公顷[38]；北美草原狐是一种活动范围非常大的狐狸，其雄性个体的平均家域面积是23.9平方千米，而雌性的平均只有17.6平方千米[39]。同样的，在我们的藏狐研究中，也存在这种性别差异。雄性藏狐的平均家域面积为537公顷，最小的SQ5家域面积为179公顷，最大的SQ2家域面积为1029公顷；雌性藏狐的平均家域面积为223公顷，最小的SQ4家域面积仅有62公顷，最大的SQ6家域面积达450公顷。然而我们不必特别关注雌雄藏狐家域面积上的差异问题，因为家域面积的计算方法多种多样，不同方法间的出入会很大。抛开面积计算方法的差异不算，之前也已经提到，具体的栖息地质量差异也对家域面积有很大的影响。例如在我们遥测的3只雄性藏

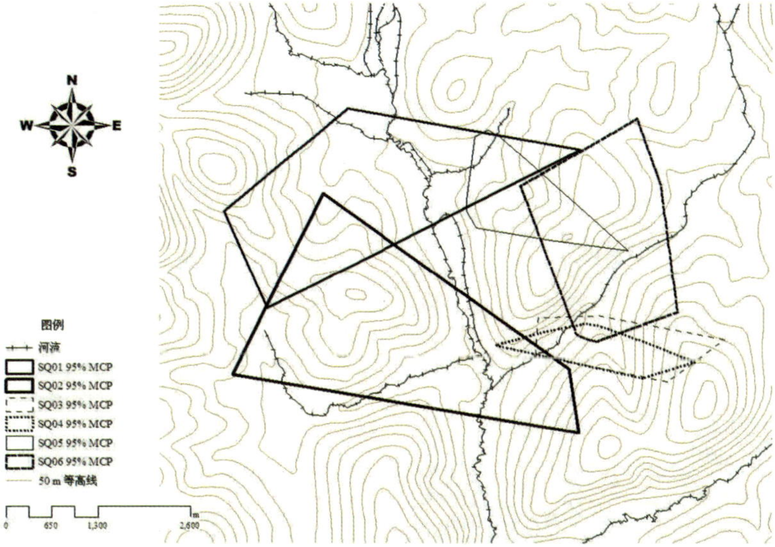

图 6-3　6只藏狐的家域分布图。图中黄色曲线为研究地区山丘的等高线，蓝色的线条表示河流，而6只藏狐的家域范围分别用不同形式的折线围出。注意，这些狐狸的家域互相之间都有不同程度的重叠（王正寰供图）

狐中，面积最小的家域属于SQ5——一个健壮的“美男子”。它占据的恰恰是研究地区优质的栖息地资源，因此并不需要很大的栖息地面积就可以维持自己的生活。这一点还可以从它的家庭得到证明。这只大雄狐有4只可爱的小宝宝。每天傍晚，我们都能看到它和4个小家伙一起享受日暮时分家庭户外活动的快乐和父亲子女间的温情。要知道维持这么一大家子可不是一件容易的事情，但是我们这位狐狸爸爸——一位了不起的父亲——只需要不大的栖息地就足以维持它的家庭，充分说明了其栖息地食物资源的丰厚。

另一方面，SQ3和SQ4是关系密

切的两只雌狐。从图6-3可以看出，它们的家域面积几乎完全重叠在一起。行为观察显示它们实际上是一家人，而在佩戴颈圈时，从牙齿的磨损程度判断，SQ3应该是母亲而SQ4是它刚成年的女儿。在繁殖季节，成年藏狐多营家庭生活，只有那些没有找到配偶的个体才会单独生活。SQ3和SQ4的例子再一次说明，对于已经形成家庭的藏狐来说，其家庭的活动范围才是真正具有研究价值的信息。图6-3还显示，几乎所有6只藏狐的家域都存在着一定程度的重叠。虽然没有直接的行为和分子生物学数据证明所有这些个体之间的亲缘关系，但是这些重叠现象至少说明，藏狐不同个体之间的家域界限并不严格。虽然各有各的势力范围，但实际上邻居之间依然在一定程度上共享着栖息地资源。

遥测研究除了能够告诉我们藏狐的活动范围，还可以揭示它们的行为节律。一直以来学术界对于藏狐的活动节律并无具体研究。对狐属其他物种尤其是赤狐的研究表明，它们大多有着丰富的夜生活，但是迄今为止关于藏狐活动节律的介绍仅见于乔治·夏勒博士的著作[16]。在书中，夏勒博士指出："由于藏狐的主要猎物高原鼠兔是昼间活动的，所以藏狐也应该是昼行性的。"诚然，捕猎是食肉动物日常活动的重要内容。从这个角度来说，夏勒博士的观点是正确的，即捕食者的活动节律应当与猎物保持一致。但是，对于藏狐而言，它的日常活动可不仅仅是捕食啊。在遥测藏狐的工作中，有时候整天都可以观察到研究对象的行为。例如SQ5，虽然几乎整个白天都持续保持着户外生活，但实际上其中大部分时间是在巡逻领地、玩耍以及晒太阳睡觉。尤其是晒太阳睡觉，只要天气好，它一天中的一大半时间就这么躺着。因此藏狐昼间在户外并不一定就在活动。那么晚上呢？

第三节　旷野不眠夜

迄今还没有看到关于藏狐夜间活动的资料公开发表。幸运的是，我们可以从遥测藏狐的工作中总结一些相关的信息。更鼓舞人心的是，《中国珍稀物种》系列纪录片的创作团队对于这个问题也颇感兴趣，计划使用野外监测相机拍摄藏狐夜间活动的资料。在无线电遥测数据以及野外监测相机影像资料的双重支持下，我们开始对藏狐的夜生活有了一些具体的了解。

首先说说夜间无线电遥测的事儿。这项工作是在2007年5—8月期间完成的。我们的工作计划是在18:00至

图 6-4　草原狼

次晨6:00利用无线电信号来判断每只被跟踪的藏狐的活动情况。由于当地地形复杂,所以在整个晚上我们必须不断移动位置寻找信号——在伸手不见五指的夜晚,这是最难的。还记得刚到石渠县监测站时,我们就宣布要进行藏狐夜间无线电遥测工作。现场的工作人员一听说我们的计划都十分吃惊。甘孜州疾控中心到石渠县蹲点的丹巴叔叔说:“有勇气!不过你们知道吗?夜晚山沟沟里面很冷、很黑、很孤独……噢!对了,还有狼!”其实当时我们心里也在打鼓,虽然在石渠县我们已经开展了7年的工作,可还从来没有在晚上进行过野外作业呢。但是君子一言,驷马难追啊!相信自己之前的判断——绝非鲁莽行事,因此既然决定了就干到底吧!

第一晚遥测时,丹巴叔叔发动了监测站全体工作人员一起到野外蹲点。遥测藏狐的地方距离监测站点有15千米远,有他们同行,如果夜间有什么特殊情况,也好得到及时的救援。午饭过后,他们就热心地开始为夜间的工作做准备,搭帐篷、安排铺盖——虽然我们睡不了,但是他们需要。那是一顶已经褪成白色的大型军用帐篷,丹巴叔叔说这顶帐篷从他开始野外工作时就跟着他了,他清楚帐篷上每一处缝补背后的故事。为了不影响夜间遥测工作,他们把营地安排在离开工作区域两条沟的地方。更为可贵的是,他们还把基地的发电机也带来用了,给漆黑的夜晚带来了一处光明。

夜晚如期而至了。这一晚没有月亮,满天的繁星、壮丽的银河,让人为之激动不已,突然理解了古人何以编出了那么多丰富多彩的关于星星的故事。监测藏狐的活动节律不需要精确定位,只要找到它们的无线电信号即可。因此我们把天线绑在摩托的尾架上,找信号时不用下摩托,这在夜间方便了许多。大地就像黑洞,吸收了所有的光线,尽管星光灿烂,四周依然漆黑一片。摩托的大灯和我们的头灯大约只能照到30米的距离,那么30米以外又是什么呢?我们一边调试着无线电接收机，专心地辨别着耳机里的信号，一边担心着30米外的黑暗里，是否有无数双眼睛正在不怀好意地打量着我们这些不请自来的人类。傍晚时分，监测站牟师傅曾告诉我们，他在半山腰上看到了一只狼，只有50米远，他用石头把狼打跑了。这会儿，这只狼会不会正在那黑暗里蠢蠢欲动呢？根据遥测信号判断，20:00到24:00之间藏狐的活动强度很大。

图 6-5　准备出洞的狗獾

夜晚的山谷并未沉睡。不仅是藏狐，许多动物在夜间都保持着频繁的活动。适应黑暗后，我们在遥测间隙关掉所有的灯，让自己融入环境。这时才发现，星光下的大地并非漆黑一片，潺潺的流水发出悦耳的声音。藏原羚在身边跑来跑去，藏野驴嘶叫着踱着步，还有狗獾一家子出来觅食。狗獾视力一般，却有着发达的嗅觉。然而因为站在下风口，狗獾妈妈离我们不到10米才发现我们的存在，急急忙忙地带着狗獾宝宝们跑远了，狗獾们肥嘟嘟的身体随着跑动的节奏一漾一漾地抖动着极有意思。

图 6-6　在夜晚行进的狗獾

图 6-7　夜幕下的藏狐

图 6-8　夜间藏狐活动频繁

然而过了子夜，信号显示藏狐的活动量降了下来。仔细倾听周围，动物们的活动似乎也少了。是啊，折腾了一个上半夜，现在终于都去休息了，只有我们还得继续奔波。凌晨明显开始降温，地面结起了厚厚的霜。好在之前请教过经验丰富的鼠防队员，因此这一晚我们穿上了所有的御寒衣物。即便如此，那种寒冷依然透入骨髓。寒冷、疲倦、孤独感在这一刻一起涌上心头，让人情绪低落。在骑着摩托回帐篷的路上，转过山包，远远地看到橘黄色的帐篷在巨大的黑色的背景里忽隐忽现——丹巴叔叔为我们留了灯，好让我们在黑夜里看到帐篷。这橘黄色的灯光给我们全身注入了暖流。

休息片刻，我们又上工了。已经是凌晨4点多了，更冷了，但是我们知道天就要亮了，所以心情格外轻松起来。藏狐的信号说明它们又开始活跃起来了，新的发现让我们非常振奋。东方已经发白，我们听到草丛中鸟儿们的啁啾声，想必它们的心情也和我们一样，正迫不及待地期待黎明快快到来。我们将摩托开上山脊，在最高处迎接太阳升起。光明重回大地时，我们才清晰地看到身边的世界。大地一片银白，这不是雪而是霜。我们转过身，给了相依为命的摩托一个特写，纪念自己的第一晚高原藏狐遥测工作。

这样的夜间遥测工作每周都会进行一次。等到整个遥测季结束时，我们把所有日间和夜间的数据统计到一起，结果发现，藏狐的活动高峰并不在白天，虽然白天它们保持着户外活动。藏狐一天中活动最频繁的时间段是20:00至24:00，而两个活动的低潮期却恰恰出现在白天，分别是10:00左右和14:00左右。这些数据告诉我们，藏狐一天中的活动高峰应该是在夜里而不是在白天。

我们时常回忆这段特殊的经历，

图 6-9 日出背景下的大地。刚刚结束一晚的无线电遥测工作，气温很低，霜满大地，给同甘共苦的摩托一个特写。摩托的尾架上固定着无线电遥测用的天线（王正寰供图）

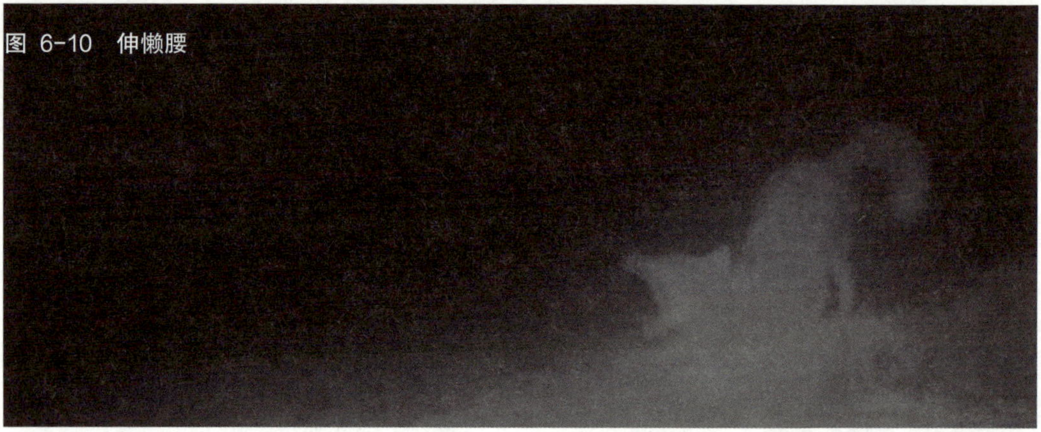

图 6-10　伸懒腰

想象如果能拍摄到一些夜间影像资料一定是件很棒的事情。这个夙愿在拍摄“中国珍稀物种”系列纪录片时终于得以实现。2014 年 7 月，我们在原来进行无线电遥测的区域选择了一个藏狐洞穴，在离洞口数米处安放了野外监测相机，对藏狐夜间在洞穴周围的行为进行拍摄。虽然还是不能因此而反映藏狐夜生活的全部内容，但是洞穴是它们频繁进出的地方，所以在洞穴周围拍到藏狐的概率会更高。第一批影像资料出来以后，大家都非常兴奋。我们看到天黑以后藏狐从洞穴中跑出来，它们在夜幕里嬉戏，跑来跑去，有时还会三五成群。狗獾也会时不时地进入相机的视线。虽然明知是藏狐洞穴，但它还是要仔细地打探一番，看看有没有便宜可占。这些镜头既丰富了我们对于藏狐夜生活的认识，也进一步加深了我们对高原野生动物生存竞争的认识——洞穴是多么稀缺的资源，即便是夜晚，不同的物种间对于洞穴的争夺依然在继续。

到此为止，虽然对藏狐夜间活动的认识依然有限，但是无线电遥测数据和影像资料都证明，藏狐在夜间的活动是非常活跃的。因此，关于藏狐主要在昼间活动的观点是需要修正的。

第七章　同一片蓝天下

第一节　邻居有可能是最大的威胁

在石渠县多年的野外工作让我们不仅熟悉了藏狐，也对藏狐和其他生活在这片土地上的动物之间的关系有了更深刻的认识。早就知道藏狐是个机会主义者，也知道在这片土地上它们几乎没有天敌，但是藏狐并不是这块土地上唯一的猎手，于是有竞争就有危险，更何况有时候威胁还会来自一些意想不到的动物。藏狐能够成功地生活在这片土地上实在来之不易。

在野外调查时，我们常常爬上一块高地，然后站在高地的边缘俯瞰大地，青葱辽阔的青藏高原展现在眼

图 7-1　从监测点的围墙看傍晚的南方天空、城堡云和黄金山（王正寰绘）

前。藏野驴总是悠闲地在草地上吃草，而身形小巧的藏原羚则要警觉许多，无论是吃草还是休息总是小心地提防着周围。远远地看去，红褐色的藏野驴和灰褐色的藏原羚就像一颗颗鹅卵石点缀在水草丰美的池塘里，而天上的白云就是那快活的鱼儿。太阳透过白云把影子投射到碧绿的草地上，形成斑驳的图案。在风的驱使下，这些深绿色的暗影跟随着天上的白云拂过大地，不紧不慢地朝着一个方向走着，在一动一静的对比之下，大地显得格外宁静。一只藏狐选择在这个时候横穿山谷到对面的山坡上去。它必须穿过被藏野驴和藏原羚占据的草地。藏野驴是我们在研究地区所见的最大的食草动物，成年藏野驴体长可达2米，肩高超过1.4米[40]。虽然它们并不会把小小的藏狐放在眼里，但警惕的眼睛却一直留意着藏狐的动向。藏野驴常常会聚集成30—40头的大群，浩浩荡荡地开过藏狐的领地。藏狐为了避免遭到踩踏只得四散逃跑，但是它们宝贵的洞穴却不能跟着逃跑，在藏野驴反复的踩踏之下有坍塌的风险。藏狐对这些大邻居实在是敢怒而不敢言。藏原羚的情况就完全不同了，它们胆小机警，成年个体1米的身长和65厘米的肩高[40]使得它们并不能保持对藏狐的绝对优势，但是它们也有对付藏狐的独门绝技。当藏狐经过藏原羚群时，藏原羚们纷纷停下自己正在做的事情，非常统一地掉转身子向山顶跑去。它们有着修长的四肢，健步如飞，绝非四肢粗短的藏狐能够追得上的。当它们快速奔跑时，臀部的毛发还会竖立起来，露出一块白色的臀斑。这块白斑非常显眼，距离它们1000米我们都能看到。这是许多羚羊类动物共有的特征。试想一下，跟在它们后面的食肉动物一下子看到那么多一模一样的白斑，那是很容易搞丢追踪目标的。此外，在前面的章节已经介绍过，藏狐还是成年喜马拉雅旱獭的手下败将。藏野驴、藏原羚、喜马拉雅旱獭是石渠县最常见的、体型最大的3种食草动物。很遗憾，对付这3种动物的成年个体，藏狐都没有胜算。

然而我们的疑问是，既然这些动物都不怕藏狐，为什么它们都会表现出对藏狐的警惕呢？答案就在于作为一个称职的机会主义者，藏狐会努力寻找一切可以下手的机会——既然正面进攻不行，那就用其他办法。在藏狐的粪便中几乎总是能够发现当地主要食草动物的毛发[16,40]，这就是食草动物为什么总是对这个狡猾的邻居保持警惕的原因。

图 7-2　成群的藏野驴

第二节 狐口脱险

每年6月下旬开始，石渠县的藏原羚进入了产仔期[41]。7月上旬的一天早上6:00，我们刚刚完成一次夜间12小时无线电遥测，正骑着摩托下山，突然发现山坡上的一个凹坑里好像有什么东西在动。凑近一看，原来是一只小藏原羚正蜷缩在坑里瑟瑟发抖。它全身湿漉漉的，好像初生不久。我们环顾四周，没有看到母藏原羚，带仔的母藏原羚通常是成群活动的，如果在附近应该很容易发现。母藏原羚不知何故抛弃了自己初生的幼仔，也许它还会回来寻找。这样一想，我们立刻驶离了幼藏原羚，先回驻地吃早饭。

然而我们心中总是放心不下这个可怜的小家伙，一个小时以后又折返回来寻找它。进沟的路上看到了两只狼，它们是令人望而生畏的猎手。再往里走，远远地看到沟里有一只藏狐正在低头啃着什么，这让我们心头一紧。我们的抵近观察吓跑了藏狐，被它啃食的是另一只小藏原羚，躯体被吃得只剩下了一半。这只小藏原羚到底是被刚才的两只狼杀死的还是死于藏狐之口呢？

藏狐有尾随大型食肉动物捕猎的习性。一来，如果大型食肉动物捕捉到较大的猎物，藏狐总能够分到一些残羹冷炙；二来，大型食肉动物也经常刨挖鼠兔洞穴，捕捉小型动物果腹，藏狐跟在后面偶尔也能捕捉到从洞中逃出来的“漏网之鱼”，这可比它自己挖洞捕猎省力多了。我们在青海省都兰县做研究时，就拍摄到了棕熊（*Ursus arctos*）正在奋力刨挖鼠兔洞穴，而藏狐坐在一边准备坐收渔利的画面[6]。然而对于眼前的“凶杀现场”，我们一

图 7-3　被藏狐啃食的小藏原羚（王正寰供图）

致认为是藏狐干的，因为如果是狼所为，它们是不会剩下那么多食物留给藏狐的。不少大型食草动物会在凌晨产下幼仔，为了观察藏原羚和藏野驴的产仔行为，我们会一直跟踪一个族群，不间断地观察它们的行为，以期抓住那精彩的瞬间，但是一旦夜幕降临，就只好收工。而等到第二天一早迎着日出再去寻找昨天观察的那群动物时，发现母亲们身边已经尽是些蹦蹦跳跳的小家伙了。产仔对于母子而言都是最危险最脆弱的时刻，借助夜幕掩护生产确实是一个好办法。然而凌晨也是一天中最寒冷的时候，如果这时幼仔没有母亲的保护，后果自然不堪设想。眼前的这只可怜的小藏原羚的尸体正在提醒我们，我们原先看到的山坡上的那个小家伙也是凶多吉少。然而我们当然也不能去责怪那只藏狐，要知道此刻也正是小藏狐出生之际，也许嗷嗷待哺的藏狐宝宝们正在家里期待着藏狐妈妈带着食物满载而归。

我们把小藏原羚的尸体留给了藏

狐妈妈和它的宝宝们，赶快离开，去寻找山坡上那只命悬一线的小藏原羚。非常幸运的是，我们在山坡上找到了它。它还活着，但身体冰凉，显然已经完全遭到抛弃，如果不施加援手，它的命运将和之前的那只小藏原羚一样。这让我们陷入了理智和情感的挣扎之中。我们想救它，然而它是大自然的一部分，即便死亡也是自然的过程，人类是不应该插手的。但是眼睁睁看着一个生命就此消失无论如何于心不忍，而且小藏原羚所在的地方同一条繁忙的摩托车道很近，母亲抛弃它很可能是路人的干扰所致。如果我们挽救了这条生命，是否多少也是对人类过失的一种弥补呢？最后，情感战胜了理智，我们用自己的雨衣把它包裹起来，带回驻地喂养。等我们完成野外工作时，它已经长成活泼可爱的大姑娘了。可惜我们不能将它带走，只能寄养在牧民家里，此后再无音讯。

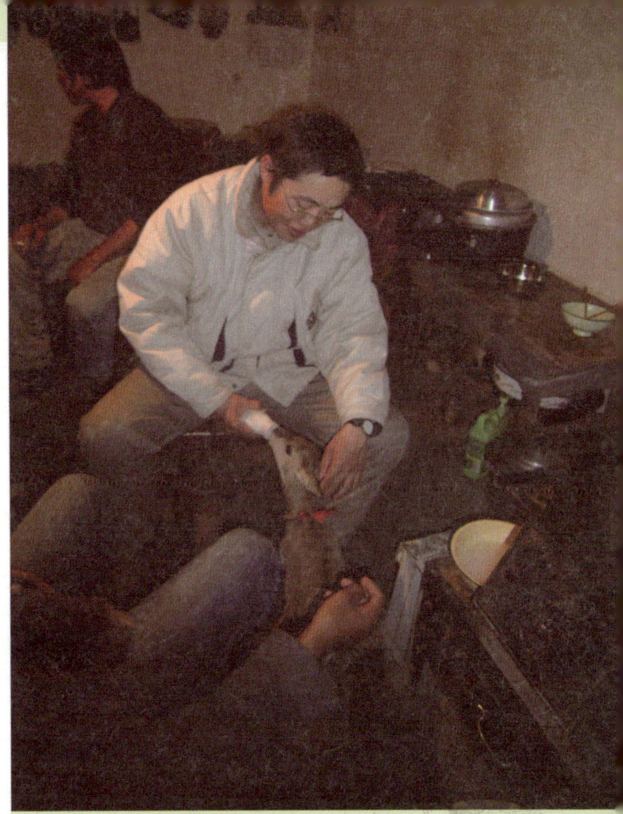

图 7-4　给获救的小藏原羚喂奶。我们并不知道藏原羚奶的配方，因此只好从牧民那里借些牦牛奶，自己用水兑出不同浓度摸索着喂养，通过小家伙的粪便观察它是否消化，好不容易把它给养活了（王正寰供图）

第三节　还以一方净土

自2006年起，退牧还草工程在石渠县各地逐步展开，这也包括我们做研究的区域。地方政府在保障牧民放牧基本需要的基础上，建立了大量的围栏。用围栏保护起来的草场是禁止放牧的。这样做的好处首先在于限制了家畜的活动范围，让一些草地得到恢复。其次，这些保护起来的草地实际上具有为家畜储备粮食的功能，一旦冬季闹雪灾，这些草场可以向牧民应急性地开放。然而，雪灾不仅仅影响家畜，也影响着当地的野生食草动物。我们很担心这些围栏在限制了家畜的同时也限制了野生动物。

事实是，在围栏建立的最初几年，围栏里看不到藏野驴和藏原羚等大型

图 7–5　围栏旁的藏狐

食草动物的影子。但是网围栏远不是水泄不通，而是留有汽车可以进出的通道，而且围栏的铁丝网网眼很大，藏原羚等动物可以轻松穿越，因此对网围栏逐渐熟悉以后，2010年以后围栏内的藏原羚和藏野驴的数量多了起来。即便如此，围栏建立以来，这些区域的野生大型食草动物还是显著地减少了。我们经常可以看到它们聚集在围栏外面吃草，而围栏内却数量寥寥。

围栏内的区域少了家畜的竞争，也排斥着大型野生食草动物，于是里面的高原鼠兔种群繁盛起来。鼠兔被称作青藏高原高山草甸生态系统中的基石物种[42]，它们不仅是藏狐、狼、艾鼬（*Mustela eversmanii*）以及各种猛禽的猎物，它们的洞穴还是褐背拟地鸦（*Pseudopodoces humilis*）、4种雪雀、高原林蛙（*Rana kukunoris*）和倭蛙（*Nanorana pleskei*）的藏身之所。因此，此前关于鼠兔所作贡献的一句评语——鸟兽同穴——并不完全正确，它们的房客可远不止鸟类。对于藏狐而言，鼠兔的慷慨意味着它们可以在鼠兔洞里发现更多的美味。每天，我们都可以看到自己遥测的那几只藏狐熟练地来往于围栏两侧，显然这道铁丝网并未影响到它们的日常活动。旱獭似乎也没有被围栏所困扰，它们依然为了洞穴和藏狐进行着没完没了的斗争。狼的数量在最近10年内有了很大提高。2000年以后甘孜州加强了野生动物保护工作的力度，这类工作的成效可以从狼的种群恢复情况上看出来。现在，几乎每天我们都可以在野外看到它们的身影。我们没有在石渠县听到过狼伤人的事件，实际上狼的主要食物来源和藏狐一样，也是鼠兔，所以它们也是围栏里的常客。虽然狼很少去招惹藏狐，但是面对这个可怕的对手，藏狐总是选择退避三舍，这其中自然也包括放弃刚刚捕获的猎物——狼并不介意占有藏狐辛苦捕来的猎物。实际上，虽然藏狐贵为当地食物链顶端阶层，但能够欺负它的强手还是有很多，猛禽便是其中之一。大𫛭（*Buteo hemilasius*）是青藏高

图 7-6　戴胜(崔滢供图)

图 7-7　月色下的大鵟(崔滢供图)

原东部占据优势地位的大型猛禽。围栏的建设为这些大鸟提供了休憩的场所。它们站在围栏上观望四周，看到机会就下手。2014年夏,拍摄藏狐纪录片时,我们就看到一只大鵟大摇大摆地飞过来抢走了藏狐刚刚到手的猎物。惊魂未定的藏狐一屁股坐在地上,向着那只大鸟大声地抗议着,多么愤怒、多么沮丧！真是人生不如意事十常八九,唯有不畏挫折勇往直前,才能做生活的强者。我们的脑子里正想着这些,只见镜头里的藏狐又站起来了,抖擞一下精神,继续自己的捕猎活动去了。

如果说家畜、围栏、其他野生动物的竞争都只是对藏狐生存的间接干扰的话,那么人类有目的的捕杀以及牧羊犬的攻击,则是对藏狐生存的直接威胁。藏狐曾经是川西地区的经济野生动物之一,20世纪80年代末政府停止了对野生藏狐皮毛的收购,四川省于1990年将藏狐列为省级保护物种[43]。但是针对藏狐的偷猎活动并未立刻消失,例如我们曾经从猎户手中测量了342张藏狐毛皮,这些藏狐都是在1999年秋到2000年冬被猎杀的。从皮张上的痕迹判断,其中至少有46只死于枪击。2000年以后国家进一步加强了牧区的枪支管理,加上相关法律法规的逐步完善以及教育和生活水平的提高,现在人为猎杀藏狐的事件已经非常少见了。但是另一个老问题则依然存在,那就是无主野犬。这里是牧区,牧羊犬是牧民的好帮手,但是由于没有高效的犬只管理措施,这里的牧羊犬数量泛滥了。在石渠县,流浪野犬成群结队地在街道、草场上游荡是常见的现象。这些野犬已经成为石渠县牧区一个非常严重的生态问题。从2001年至今,我们记录到的野犬袭击藏狐致死事件已经不下30次。最近一次事件发生在2013年,一条野犬咬死了一只亚成体藏狐,并将尸体拖到我们的驻地附近。野犬对当地生态环境的威胁不止于此,它们还是棘球绦虫病传播给人的重要媒介。

棘球绦虫病是一类由于感染棘球

绦虫的蚴虫而引起的致死性寄生虫病，这其中又以多房棘球绦虫（*Echinococcus multilocularis*）引起的多房棘球绦虫病最为严重。我国青藏高原东部牧区是世界上人感染多房棘球绦虫病比例最高的地区之一[44]。多房棘球绦虫病原本是在野生动物中传播的疾病。在青藏高原东部，多房棘球绦虫病主要在藏狐和啮齿类动物之间传播。多房棘球绦虫的成虫作为肠道寄生虫寄生在藏狐的肠内，虫卵随粪便排出并污染草地。啮齿类动物在啃食牧草时吃入虫卵，这些虫卵经过血液循环最终寄生在啮齿类动物的肝脏、肺、脑等血流丰富的器官内，造成器官衰竭。这些感染棘球绦虫病的啮齿类动物被藏狐捕食以后，多房棘球绦虫的蚴虫又再次进入到藏狐的肠道中发育成成虫并完成生活史。

人类活动给高原牧区带来了数量庞大的野犬，它们也像野生犬科动物一样捕食草地上的啮齿类动物。犬是棘球绦虫良好的终末宿主，因此在捕食感染了多房棘球绦虫病的啮齿类动物以后也会感染这种寄生虫病。与藏狐不同的是，犬和人类关系密切，它

图 7-8 祷告

们的粪便主要排遗在人类环境中，这就导致了虫卵在人类环境中的散播，并最终导致人感染这种寄生虫病。目前，棘球绦虫病已经列入我国免费医疗的流行病项目，相关的防控方案也在稳步推进中。

每当审视石渠县的这片高山草甸，我们都会痴迷于它壮美的景观和丰富的生物多样性，同时也惊叹于这个生态系统结构的精致和脆弱。人类是这个世界上最有智慧的生物，但是我们依然是大自然的一部分而不是它的征服者。迄今为止，人类文明的历次飞跃都伴随着对大自然加剧的破坏，而这种加剧的破坏显然没有使大自然屈服，因为随即我们就会受到来自大自然的愈加严厉的惩罚。这些惩罚告诉我们，关于自然的认识，人类的积累依然十分有限。

图 7-9　银河(崔滢供图)

后记

《“第三极”的原住民——藏狐》一书终于要出版面世了，我们感到由衷的欣慰。作为本书作者的我们俩，一位是来自华东师范大学生命科学学院的副教授，为了研究藏狐和高原的生态保护，连续15年义无反顾地踏上了世界屋脊；一位是来自上海科技馆，从事影视创作的科普工作者，也是多部科普纪录片和科普图书的主创之一。我们曾在以往《中国珍稀物种》系列科普片的摄制中有过数次默契的合作。我们将藏狐确定为《中国珍稀物种》系列科普片的第八部，其实是冒着很大风险的。这种动物同该系列片的前几个物种不同，它生活的海拔之高、环境之特殊，它习性之狡诈、感觉之灵敏，对我们来说都是极大的挑战。它没有保护区，没有固定的洞穴，《世界自然保护联盟濒危物种红色名录》(The IUCN Red List)把它列为无危物种，因为没有人知道它们究竟数量有多少，与它们有关的数据充斥着“No data available”(无数据)、“Unknown”(未知)这样的字眼。所以，当我们决定把它搬上荧幕并出版这本书的时候，下的是不成功便成仁的决心。当一切尘埃落定，我们的惊喜也不言而喻。书中大多数的经历和切身感受来自本书的第一作者，但我们商量之后，还是在叙述的时候用了第一人称“我们”而非“我”来告诉读者有关藏狐的故事。这一方面是希望用“我们”来代表这十几年中陆陆续续参与藏狐研究的华东师大科研团队和为拍摄科普片在一年多时间里数次登上青藏高原的摄制团队；另一方面是希望读者朋友们在阅读本书时，能由此产生一些身临其境的感觉和感同身受的体会。

本书的第一作者初次踏上青藏高原的土地时，还只是位二十出头、对动物保护学满怀热忱的小年轻，如今，他已把每年造访这片圣洁的土地当成了自己生活的一部分，对这片土地除了敬畏之外更多的是难以拒绝的向往。本书的第二作者从小在城市长大，距离没有自来水、没有电、没有洗手间的生活极其遥远。最初接触到藏狐时，我们仅仅把它当作一个物种去认识。但随着时间的推移，我们发现它不仅仅是一个物种，更是精灵，是这片土地的化身。它代表着青藏高原高山草甸生态系统中万千生灵的乐观、坚韧，它也是奇妙的大自然的一个缩影，它更是大自然抛给我们的一个问题，让我们思考自己，思考和谐，思考未来。曾经听过一句话：去青藏高原的人分三个层次，一是止于欣赏美景，二是寻找和挑战自我，三是聆听生命之声和感悟人生。在一个原生态的地方，我们更容易静下心来反思和感恩自然。从这个意义上讲，科学研究不仅仅是为了满足一个科研工作者的兴趣爱好，它更反映了一个科研工作者的感悟和心声，应该拿出来与更多的人分享。因此，写作大众读物理应成为科研和科普工作的一部分。即便如此，写作的辛苦依然是我们始料不及的。所以当书稿终于完成时，一种成就感油然而生。希望这本书能够为同样热爱大自然的读者们带去快乐和思考。

许多人为这项研究以及本书的写作作出了贡献。首先要感谢这套丛书的主编——王正寰的博士研究生导师、上海科技馆馆长王小明教授。他是一位有着敏锐的学术嗅觉和坚定的学术理想的学者，一直支持着这项研究。这项研究迄今已经持续了15年，其间得到了无数人的帮助。来自法国Franche-Comté大学的Patrick Giraudoux教授的研究团队和来自日本北海道卫生防疫中心的高桥健一博士在研究过程中给予了非常有益的生态学研究方法指导。四川省疾病预防控制中心的邱加闽、李调瑛、王谦、陈兴旺等医生和来自英国Salford大学的Philip Graig教授的研究团队在藏狐棘球绦虫寄生虫病学方面的研究具有指引作用。长期的野外工作得到了石渠县疾病预防控制中心同志们的大力支持，这些人包括：已经退休的刘大伦、李光清和仁青彭措主任，现任的谢飞主任，李光军、巴剑峰、谭文明，已经调离石渠县工作岗位的宗康贵、毛元书。甘孜藏族自治州疾病预防控制中心鼠疫防治工作组的罗志丹巴、丹巴泽理、段永军等同志在野外研究时与我们结下了战友般的友谊。南京师范大学的计翔教授和中国科学院成都生物研究所的王跃招研究员、曾晓茂研究员、郑俞池副研究员十多年来一直给予着莫大的精神支持。王天厚教授、陈珉副教授、邹春静副教授、汪承焕博士、周立晨博士、丁由中博士无论是在工作还是在生活上都给予了无私的帮助。由于这项研究持续的时间太久，还有许多谋过面或未曾谋面的人无法记起，在此也一并致谢。但是无论如何，必须在此提及以下三位已故人士并对他们表示深深的敬意，他们是原石渠县卫生局降措局长、原石渠县西区卫生院志美院长和原野生动物保护联盟（WCS）John Thorbjarnarson 博士，尤其是John。一个睿智的人的一句话往往会影响另一个人一生的发展。我们都曾与John有过或多或少的接触，他对野外生态研究的贡献和精神是引导我们前进的动力之一。

在本书写作的过程中，上海科技馆王莲华书记、姚强副馆长都给予了关心和支持，在此表示衷心的感谢；科学影视中心李伟主任、吴文忠副主任等领导在出版工作上提供了很多有益的建议，让我们受益良多；科普影视创作科的同事杨帆、杨波、崔滢一起前往石渠县拍摄了珍贵的视频和照片，张维赟、费翔、徐骆羿、夏建宏、张萍等帮我们承担了部分工作以减轻我们写作中的负担，并给予了我们无私的鼓励，谨向他们致以诚挚的感谢。同时，也感谢科普片的合作伙伴上海真实传媒有限公司，本书中未注明出处的图片均来源于双方共同拍摄的影片截图，它们丰富了本书的内容。感谢上海科技教育出版社的殷晓岚编辑花费了大量心血来推动本书的出版。

没有家人的支持，我们将无法同时兼顾家庭、3000千米以外的研究和影片的创作工作。感谢父母多年来无法用语言表达的亲情关怀。感谢家人对我们的理解以及多年来默默的奉献。我们想把这本书献给你们，当然也包括两位作者可爱的孩子们。

本书的出版和藏狐研究离不开上海市科学技术委员会、上海科普教育发展基金会、美国国立卫生院、上海市教育发展基金会晨光计划、国家自然科学基金等单位和组织对这项工作的长期资金支持。

本书的编著工作是在我们的业余时间完成的，由于时间和水平的关系，书中可能存在不足之处，恳请广大读者朋友们批评指正，不胜感谢！

王正寰　叶晓青

2015年9月

参考文献及注释

［1］ Schaller G B, Ginsberg J R, Harris R. 2008. *Vulpes ferrilata*. The IUCN Red List of Threatened Species. Version 2014.2. <www.iucnredlist.org>. 2014年10月20日检索

［2］ The Biodiversity Hotspots. http://www.cepf.net/resources/hotspots/Pages/default.aspx. 2014年9月1日检索

［3］一门通过研究DNA或蛋白质等生物大分子物质的结构变异来推测相关物种之间进化关系的科学。

［4］戴捷. 藏狐系统发育研究. 华东师范大学硕士学位论文. 2004

［5］ Macdonald D W, Reynolds J C. 2008. *Vulpes vulpes*. The IUCN Red List of Threatened Species. Version 2014.2. <www.iucnredlist.org>. 2014年10月25日检索

［6］ Harris R B, Zhou J K, Ji Y Q, Zhang K, Yang C Y, Yu D W. Evidence that the Tibetan fox is an obligate predator of the plateau pika: conservation implications. *Journal of Mammalogy*, 2014, 95(6): 1207～1221

［7］ Nicolas V, Schaeer B, Missoup A D, Kennis J, Colyn M, Denys C, Tatard C, Cruaud C, Laredo C. Assessment of three mitochondrial genes（16S, Cytb, CO1）for identifying species in the Praomyini tribe（Rodentia: Muridae）. *PLoS ONE*, 2012, 7(5): e36586

［8］在动物分类学界，对于我国根田鼠的分布区是存在争议的。因为在形态学上，根田鼠与近缘种经营田鼠（*M. limnophilus*）非常相似，以致难于区分。相关信息可参考：Smith A T，解焱，2009，《中国兽类野外手册》。为了方便阐述，本书依然沿用我国传统分类体系，依据《四川资源动物志（第二卷）》定名为根田鼠。

［9］此法又叫做样线法，是生态学野外常用的数据收集方法。它是依据随机取样的原理，在调查区域设定的一定长度的线段。调查时，调查人员沿着这条线以一定速度前进，记录沿途观察到的生态学信息，如野生动物个体数量。在藏狐的栖息地研究中，调查人员需要沿着样线记录两侧一定范围内的啮齿类动物洞穴数量，同时记录样线穿过的不同生境类型。由于样线调查时收集的数据通常不局限在样线上，而是有一定的调查宽度（例如藏狐的栖息地调查），所以有的学者又把样线法叫做样带法。

［10］王正寰. 四川省石渠县藏狐的生态学研究. 华东师范大学博士学位论文. 2005

［11］曲家鹏，李克欣，杨敏，李文靖，张堰铭，Smith A T. 高原鼠兔家群空间领域的季节性动态格局. 兽类学报，2007，27(3)：215～220

［12］刘伟，严红宇，王溪，王长庭. 高原鼠兔对退化草地植物群落结构及恢复演替的影响. 兽类学报，2014，34(1)：54～61

［13］此处的肩高是指将藏狐的前肢垂直于身体拉直以后，测量

从趾尖到肩胛骨上缘的长度。

[14] Wang Z H, Wang X M, Lu Q B. Selection of land cover by the Tibetan fox *Vulpes ferrilata* on the eastern Tibetan Plateau, western Sichuan Province, China. *Acta Theriologica*, 2007, 52 (2): 215 ~ 223

[15] 冯祚建，蔡桂全，郑昌琳. 西藏哺乳类. 北京:科学出版社，1986

[16] Schaller G B著，康蔼黎译. 青藏高原上的生灵. 上海:华东师范大学出版社，2003

[17] Uraguchi K, Takahashi K. Den site selection and utilization by the red fox in Hokkaido, Japan. *Mammal Study*, 1998, 23: 31 ~ 40

[18] McLoughlin P D, Cluff H D, Messier F. Denning ecology of barren-ground grizzly bears in the central Arctic. *Journal of Mammalogy*, 2002, 83: 188 ~ 198

[19] 四川植被协作组. 四川植被. 成都:四川人民出版社，1980

[20] Wang Z H, Wang X M, Chmura A A. Den habitat characteristics of Tibetan foxes (*Vulpes ferrilata*) in Shiqu County, Sichuan Province, China. *Zoological Studies*, 2008, 47 (4): 445 ~ 454

[21] Prestrud P. Physical characteristics of Arctic fox (*Alopex lagopus*) dens in Svalbard. *Arctic*, 1992, 45: 154 ~ 158

[22] 张洪海，张明海，王秀辉，王文，章黎，高中信. 内蒙古东部草原地区赤狐繁殖期对洞穴的选择. 兽类学报，1999，19(3): 176 ~ 182

[23] Danilov D N. Den sites of Arctic fox Alopex lagopus in the east part of Bol'shezemel'skaya tundra. *Prob. North*, 1961, 2: 212 ~ 218

[24] Nielsen S M, Pedersen V, Klitgaard B B. Arctic fox (*Alopex lagopus*) dens in the Disko Bay Area, West Greenland. *Arctic*, 1994, 47: 327 ~ 333

[25] Arjo W M, Bennett T J, Kozlowski A J. Characteristics of current and historical kit fox (*Vulpes macrotis*) dens in the Great Basin Desert. *Canadian Journal of Zoology*, 2003, 81: 96 ~ 102

[26] 张洪海，李枫，李修善，张培玉，高中信. 内蒙东部地区狼洞穴结构的初步研究. 东北林业大学学报，1999，27(2): 35 ~ 38

[27] 张洪海，李枫，高中信. 狼洞穴空间格局及生境选择的分析. 兽类学报，1999，19(2): 101 ~ 105

[28] Zagrebel'nyi S V. Den ecology of the Arctic fox *Alopex lagopus beringensis* (Carnivora, Canidae) on Bering Island, Commander Islands. *Russian Journal of Ecology*, 2003, 34: 114 ~ 121

[29] 贾竞波，萧前柱，徐利，马海升. 对赤狐洞穴的初步观察. 兽类学报，1991，11(4): 266 ~ 269

[30] 周文扬，魏万红，Biggins D E. 赤狐的活动节律与产仔洞穴的选择. 兽类学报，1995，15(4): 267 ~ 272

[31] Koopman M E, Scrivner J H, Kato T T. Patterns of den use by San Joaquin kit foxes. *Journal of Wildlife Management*, 1998, 62(1): 373 ~ 379

[32] White P J, Ralls K, Garrott R A. Coyote-kit fox inter-

actions as revealed by telemetry. *Canadian Journal of Zoology*, 1994, 72: 1831~1836

[33] Egoscue H. *Vulpes velox*. *Mammalian Species*, 1979, 122: 1~5

[34] Nowak R M (Ed.). Wolker's mammals of the world, 6th edition. Baltimore: The Johns Hopkins University Press, 1999

[35] Hayssen V, van Tienhoven A. Asdell's patterns of mammalian reproduction: a compendium of species-specific data. Ithaca: Comstock Publishing Associates, 1993

[36] Murray D L, Fuller M R. A critical review of the effects of marking on the biology of vertebrates. *In:* Boitani L, Fuller T K (eds). Research techniques in animal ecology: controversies and consequences. New York: Columbia University Press, 2000

[37] White G C, Garrott R A. Analysis of wildlife radio-tracking data. London: Academic Press, 1990

[38] Cavallini P, Lovari S. Home range, habitat selection and activity of the red fox in a Mediterranean coastal ecotone. *Acta Theriologica*, 1994, 39(3): 279~287

[39] Carbyn L, Sovada M A. The swift fox. Regina: University of Regina Press, 2003

[40] 郑生武. 藏狐的食性资料. 兽类学报,1985,5:222

[41] 鲁庆斌,王小明. 藏原羚产仔期社群结构与昼间行为规律. 兽类学报,2004,24(3):193~199

[42] Smith A T, Foggin J M. The platuea pika (*Ochotona curzoniae*) is a keystone species for biodiversity on the Tibetan plateau. *Animal Conservation*, 1999, 2: 235~240

[43] 四川省林业厅. 四川省野生动物保护管理法规汇编. 成都:四川科学技术出版社,1995

[44] Li T Y, Qiu J M, Yang W, Craig P S, Chen X W, Xiao N, Ito A, Giraudoux P, Mamuti W, Yu W, Schantz P M. Echinococcosis in Tibetan populations, western Sichuan Province, China. *Emerging Infectious Diseases*, 2005, 11(12): 1866~1873

图书在版编目(CIP)数据

“第三极”的原住民：藏狐 /王正寰，叶晓青著. —上海：上海科技教育出版社，2015.11

ISBN 978-7-5428-6324-9

Ⅰ. ①第… Ⅱ. ①王… ②叶… Ⅲ. ①青藏高原—狐—普及读物 Ⅳ. ①Q959.838-49

中国版本图书馆CIP数据核字(2015)第243664号

丛书策划：叶　剑　王世平
责任编辑：殷晓岚
装帧设计：杨　静

中国珍稀物种探秘丛书

“第三极”的原住民——藏狐

王正寰　叶晓青　著

出版发行：上海世纪出版股份有限公司
上 海 科 技 教 育 出 版 社
（上海市冠生园路393号 邮政编码200235）
网　　址：www.ewen.co　www.sste.com
经　　销：各地新华书店
印　　刷：上海中华印刷有限公司
开　　本：787×1092　1/24
字　　数：80 000
印　　张：4
版　　次：2015年11月第1版
印　　次：2015年11月第1次印刷
书　　号：ISBN 978-7-5428-6324-9/Q·67
定　　价：32.00元